# Platonin akatemiasta Snellman-korkeakouluun

Raimo Rask

# Platonin akatemiasta
# Snellman-korkeakouluun

## Snellman-korkeakoulun aatehistoriallista taustaa

Raimo Rask

Kustantaja: BoD · Books on Demand, Mannerheimintie 12 B, 00100 Helsinki, bod@bod.fi
Kirjapaino: Libri Plureos GmbH, Friedensallee 273, 22763 Hampuri, Saksa
ISBN: 978-952-80-9524-8

# Sisällysluettelo

# Mitä ovat yleisopinnot?

Nyt eläkepäivillä voin lämmöllä muistella entistä työtäni yleisopintojen vastaavana opettajana Snellman-korkeakoulussa Helsingin Jollaksessa. Vaikka koulutukseni ei vastannut opettajalle annettua vaativaa tehtävää, olen kiitollinen siitä, että olen voinut olla mukana auttamassa niitä nuoria ihmisiä elämänsä taipaleelle, jotka Snellmanin sanoin "hakivat sivistystään" korkeakoulussamme.

Vuonna 1991 Snellman-korkeakoulu sai Vapaan sivistystyön oppilaitoksen aseman ja sen tehtäväksi määriteltiin steinerpedagoginen opettajakoulutus maassamme. Snellman-korkeakoulusta valmistui siten luokanopettajia ja taideopettajia Suomen steinerkouluihin sekä päiväkodin opettajia steinerpäiväkoteihin. Matkan varrella on korkeakoulussamme voinut opiskella opettajakoulutusten ohella useilla eri opintosuunnilla; kuvataiteita, puhe- ja daamateiteita, eurytmiaa, biodynaamista viljelyä ja luonnonhoitoa, sekä osallistua lukuisilla lyhytkursseilla esmerkiksi johtamistaidon koulutukseen, ravitsemuskursseihin, kuorolauluopintoihin tai vaikkapa puistopuiden hoitoon.

Nyt haluaisin kuitenkin nostaa esille Snellman-korkeakoulun opinnoista yhden, joka poikkeaa kaikesta muusta maassamme harjoitettavasta korkeamman asteen opinnoista yliopistoissa sekä ammatillisissa oppilaitoksissa. Nämä ovat kaikille Snellman-korkeakoulussa kokopäiväopintoja opiskeleville tarkoitetut vuoden kestävät perusopinnot, eli yleisopinnot - studium generalia tai studium fundamentale.[1] Nämä ovat opintoja, jotka asettavat Snellman-korkeakoulun sille perenniaalisen universitas ajattelun jatkumolle, joka on kulkenut kautta historian antiikin ajois-

---

1 Yleisopintoja ei tämän artikkelin ilmestyessä toteuteta Snellman-korkeakoulussa tässä esitetyssä muodossa. Niiden idea elää kuitenkin osana nykyisiä aineopintoja.

ta, läpi teologisen keskiajan aina uuden ajan kynnykselle asti, jonka tieteellisen kehityksen pyörteissä se vasta jäi unohduksiin toisenlaisen akateemisen eetoksen myötä.

Nykyajan yliopistoilla on kylläkin tapana järjestää yleisölle eräänlaisia studium generalia tilaisuuksia, joissa kansantajuisesti esitellään akateemisen tutkimuksen viimeisiä saavutuksia ajankohtaisista teemoista, mutta näillä ei ole tekemistä perenniaalisten yleisopintojen kanssa. Nykyisten studium generalia tilaisuuksien tarkoituksena on lähinnä esitellä sitä tieteellistä ajattelua, jota korkeammassa koulutuksessa ja tutkimuksessa harjoitetaan. Niiden tarkoituksena on tehdä akateemista työtä tunnetuksi kansantajuisessa muodossa yhteiskunnassamme. Tämä on tietenkin kunnioitettava pyrkimys sinänsä. Perenniaalisten yleisopintojen tarkoitus oli toinen. Tätä pyrin jatkossa selvittämään.

Snellman-korkeakoulu aloitti toimintansa juuri yleisopinnoilla vuonna 1980. Korkeakoulun perustajajäsen ja pitkäaikainen opettaja, filosofian professori Reijo Wilenius aloitti yleensä opintovuoden luentosarjalla jonka hän oli nimennyt Platonin akatemiasta Snellman-korkeakouluun, ja jossa hän esitti yleisopintojen käsitteen kehittymisen korkeamman koulutuksen historiassa. Toimiessani yleisopintojen vastaavana opettajana jatkoin tämän opintojakson pitämistä Wileniuksen jälkeen lähes kahdenkymmenen vuoden ajan omalla tutkimuksellani täydentäen, otsikolla Snellman-korkeakoulun aatehistoriallista taustaa.

## Antiikin kasvatusihanne – paideia

Historiasta tiedämme, että nykyiset akateemiset tieteet ovat kehittyneet eriytymällä ja moninaistumalla antiikin Kreikassa syntyneestä filosofisen ajattelun perinteestä nykyaikaiseksi erityistieteiden järjestelmäksi.

Antiikin sokraattista, vapaasti ajattelevaa filosofi-ihannetta on pidetty tutkijan esikuvana tähän päivään saakka, ja antiikin Kreikan filosofiaa koko länsimaisen kulttuurin alkuna. Matkan varrella on kuitenkin hämärtynyt se mitä antiikin filosofit itse ajattelivat todellisuudesta ja ihmisen suhteesta siihen.

Antiikin Kreikassa ihmisen olemuksen ymmärtäminen ei tähdännyt pelkästään tietoon ihmisestä, vaan myös sen todellistamiseen mikä ihmisessä on inhimillistä. Tavoitteena oli, todellisuuden ymmärtämisen lisäksi, ihmisen luonteen kasvattaminen niiden ihanteiden mukaiseksi, jotka nähtiin ihmiselle hyväksi ja arvokkaaksi. Tämä oli antiikin kreikkalaisen kasvatuksen ja koulutuksen – *paideian* ydinajatus.

Antiikin paideia ja sen kasvatusihanne on pitkään nähty korkeamman koulutuksen ihanteena, ja itse Platonin akatemia länsimaisen yliopisto- ja korkeakoululaitoksen alkuna. Se mikä filosofian synnyn myötä tuli kreikkalaiseen kulttuuriin oli vapaa, itsenäisesti ajatteleva yksilöllisyys. Vaikka paideian ihanteista kuulee tänä päivänä yleensä vain akateemisissa juhlapuheissa, on tämä vapaan ja itsenäisen ajattelun kyky edelleen arvostettu piirre tiedemaailman tutkijassa.

Antiikissa puhuttiin *autarkiasta* (autos= itse, arkein= riittää, olla kylliksi, suvereeni, itsenäinen). Autarkinen ihminen on itselleen riittävä, ajattelussaan vapaa. Aristoteles toteaa, että viisas ihminen on mieleltään vapaa. Vapaus ei koske pelkästään tiedostavaa ihmistä, vaan myös arvojamme, eettisiä valintojamme. Aristoteles: "Käyttäydy niin kuin olisit itse itsellesi lakina!"

Sekä Platonin että Aristoteleen filosofioiden katsotaan tänä päivänä kehittyneen ja perustuneen edeltäneiden runoilijafilosofien käsityksiin todellisuudesta. Aivan uusimmat tutkimukset näyttävät menevän vielä pidemmälle ja osoittavan suoria yhteyksiä Platonin ja Aristoteleen ajattelussa persialaisten zarathustralaisuuteen ja samoilta seuduilta periytyvään manikealaisuuteen, mutta myös kaldealaisiin ja egyptiläisiin vihkimystraditioihin. Heidän filosofiansa ovat ikäänkuin tulkintoja ja kommentteja vielä varhaisempien kulttuureiden todellisuuskäsityksistä, nyt vain ilmaistuna sen uuden ja vapaan, itsensä varassa seisovan ajattelun keinoin, joka heissä herää esiin antiikin Kreikassa.

Platonin ajattelussa eli vielä myyttisten kulttuurien lailla "koti-ikävä" jumalalliseen, josta ihmisen tosi olemuksen ymmärrettiin olevan peräisin. Platon ikäänkuin katsoi taaksepäin ihmisen esisyntymälliseen, menneisyyteen. Ihmisen oli kuitenkin määrä oppia tuntemaan aineellinen maailma läpikotaisin, läpäistä se tiedostavalla hengellään – ajattelullaan. Aristoteleen näkemys oli, että ihmishengen ja ihmissielun oli liityttävä aistitodellisuuteen tiiviimmin. Näin Aristoteles astui eteenpäin ja syvemmälle sitä filosofisen ajattelun tietä, jonka Platon oli aloittanut, mutta tavallaan vastakkaiseen suuntaan - tulevaisuuteen. Aristoteles rakensi ajattelevaa, käsitteellistä suhdetta aistimaailmaan. Ihmisen tuli tehdä aistimaailma kodikseen, tutuksi, sillä vain tässä maailmassa ihminen saattoi kehittyä yksilöllisyydeksi – subjektiksi – minäihmiseksi. Tämä itsenäistymiskehitys on mahdollista ainoastaan siten, että ihminen alkaa kokea itsensä luonnon ulkopuolella seisovaksi tarkastelijaksi. Ihmisen on emansipoiduttava luonnosta, tultava siitä erilliseksi tarkastelijaksi ja ajattelijaksi. Varhaisempien muinaiskulttuurien ihminen eli vielä kokemuksellisesti ulkoisen luonnon sisällä, osana sitä, ja samalla luonnon tapahtumat olivat osa hänen sisäistä maailmaansa. Tämä on se Aristoteleen toteuttama irtiotto muinaisesta myyttisestä, luonnon tapahtumiseen osallistuvasta, 'partisipatorisesta' kokemis- ja ajattelutavasta.

## Akatemian varhaiset juuret

1800-luku oli länsimaissa antiikin kreikkalaisuuden ihannointia. Ajateltiin, että filosofia Kreikassa oli jotain, mitä antiikin ajattelijat synnyttivät itsestään käsin vailla aikaisempia esikuvia. Osittain tämä pitikin paikkansa. Nykyään historijoitsijat kuitenkin katsovat, että antiikin kreikkalaisilla oli tiiviit suhteet Välimeren muihin kulttuurikansoihin, muun muassa Egyptiin ja sen vuosituhansia vanhaan mysteerilaitosperinteeseen. Pitkän kulttuurihistorian omaavat egyptiläiset pitivät kreikkalaisia "oppipoikina", joilla ei ollut traditioita.

Pythagoraan tiedetään olleen Saisin pappien opissa runsaan kymmenen vuoden ajan. Hän rakensi myös oman filosofikoulunsa egyptiläisen esikuvan mukaiseksi. Sen opetus oli osittain salaista kuten mysteereissä oli tapana. Pythagoraan koulun opetus jakautui kolmeen osaan.[2] Ensimmäinen osa oli avoin ja siihen osallistujia kutsuttiin nimellä *"akousmatikoi"*, kuulijat. Heidän oli tarkoitus kuunnella ja ottaa opiksi. Kuulijoiden opetus koostui pääasiassa vanhoille temppelikouluille tun-

2 Raimo Lehti: Matematiikan ja sen opetuksen asema kulttuurissamme, artikkeli Tieteessä tapahtuu-lehti, vol 18, 3/2000

nusomaisesta henkisen maailmankäsityksen kuvauksista. Toinen osa oli nimeltään *"mathematikoi"*, oppijat. Heidän opetuksensa koostui neljästä aineesta: aritmetiikka, geometria, astronomia ja musiikki. Sisällöllisesti nämä poikkesivat oman aikamme vastaavista oppiaineista ja tarkoittivat lukujen ja kosmisten harmonioiden tutkimista, jonka nykyaika mielellään tulkitsisi lähinnä mystiikaksi. Ylin opetus oli nimeltään *"hieros logos"*, salainen oppi logoksesta ja kuten nimi ilmaisee, opetus oli salaista ja sen sisällön paljastaminen ulkopuoliselle merkitsi kuolemantuomiota. Egyptiläisen alkukuvansa mukaisesti tämä salainen opetus on saattanut koskea vain pientä osaa Pythagoraan koulun oppilaita, jotka olivat pyhittäneet elämänsä mysteereiden palvelukseen.

Platon taas perusti Akatemiansa Akademos- (Hekademos-) jumalattarelle pyhitettyyn lehtoon lähellä nykyisen Ateenan kaupungin keskustaa, luultavimmin vuonna 387 eKr. Myös Platon rakensi filosofikoulunsa Pythagoraan koulun mukaisesti kolmivaiheiseksi. Platonin aikana akatemian opiskelijat olivat pääasiassa Ateenan ylimystön ja varakkaiden perheiden nuoria poikia. Joidenkin naisten tiedetään myös osallistuneen opetukseen.

Antiikin Kreikassa oli vallalla orjuus. Orjat hoitivat välttämättömät työt. Vapaat kansalaiset sen sijaan olivat "vapaat" käyttämään aikansa ei-välttämättömiin asioihin, kuten opiskeluun. Koulu, kreikaksi Σχολή, (sholi) käännetään myös termillä "vapaa-aika". Aristoteleen mukaan vapaa kansalainen on vapaa käyttämään vapaa-aikansa hyveellisesti. Koulunkäynti on tämän mukaan hyveellistä vapaa-ajan käyttöä, hyveiden harjoittamista.

Paideian mukainen kasvatus koski vain ylimystöä, sivistyneistön suppeaa piiriä. Tiedot ja taidot, jotka olivat yhteisiä sivistyneistölle kutsuttiin nimellä enkyklios paideia tai enkyklia paideumata. Tästä tulee englanninkielinen sana encyclopedia, tietosanakirja, kaiken kattava tieto.

Alin opetus akatemiassa oli kreikkalaisille tärkeää ruumiinliikuntaa ja kehon hyvinvoinnin ylläpitoa, *aisthesis*. Toinen vaihe, *mathemata* oli sama kuin Pythagoraalla: aritmetiikkaa, geometriaa, astronomiaa ja musiikkia. Kolmas ja ylin vaihe oli akatemiassa *dialektiikka*, joka vastasi sitä mitä nykyään ymmärrämme filosofialla. Ylin opetus ei ollut akatemiassa enää salaista ja mukaan tuli myöhemmin myös moraali- ja valtiofilosofia. Opiskelu tapahtui keskustellen ja käyskennellen lehdossa.

Platonin opettaja Sokrates koettiin Ateenassa vallankumouksellisena radikaalina, piikkinä hallitsijoiden lihassa, "hankalana paarmana", joka osoitti toisten ajattelun virheet ja ennakkoluulot heittäytymällä tietämättömäksi ja houkuttelemalla vastapuoli keskusteluun kanssaan. Asettamalla kysymyksiä taitavasti hän saattoi keskustelukumppaninsa umpikujaan ja huomaamaan oman ajattelunsa mahdottomuus ja virheellisyys. Antautua väittelyyn Sokrateen kanssa sanottiin olevan samaa kuin tarttua paljain käsin sähkörauskuun.

Sokrateen pyrkimys on kuitenkin mahdollista nähdä siten, että hän yritti auttaa ihmistä löytämään oma ajattelunsa, ja samalla myös oma korkeampi minuutensa – daimoninsa, sekä kehittymään järjellisyydessä joka pyrkii totuudellisuuteen. Tämän on omantunnon, sisäisen rehellisyyden heräämistä ihmisessä. Omatunto ei ole sokraattisessa mielessä tuomari, joka tuomitsee tai pakottaa ihmistä johonkin. Omatunto on kyky tai aisti, joka tiedostaa omien ajatustemme, tunteidemme tai tekojemme oikeellisuus, hyvyys tai pahuus jne. Sokrateen lausumaa: "Jos ihminen tietää mikä on hyvää ja oikein, hän myös tekee, mikä on hyvää ja oikein" on usein kritisoitu naiviksi käsitykseksi ihmisen luonteesta. Lausuma on myös mahdollista ymmärtää elämänohjeeksi, ei miksikään ihmisen käyttäytymisen lainomaiseksi välttämättömyydeksi.

## Platonin ihmiskäsitys ja hyveoppi

Platonin mukaan ihminen on henki ja sielu, joka elää ruumiissa. Ihmisessä on sekä valoisa että pimeä puolensa. Hyvä ja paha kuuluvat Platonin mukaan ihmisen olemuksellisuuteen aivan kuten Pythagoraskin oli opettanut. Tämä käsitys siirtyi antiikin filosofiaan varhaisemmista henkisistä kulttuureista. Tähän kuului myös käsitys jälleensyntymisestä. Ihmisen varsinaisen olemisen ymmärrettiin tapahtuvan hänen sielussaan, nykyään sanoisimme mielellisyydessään.

Ihmiseen kuului myös korkeampi olemus – daimon, henki, mutta sen koettiin antiikissa vaikuttavan ihmisen sielulliseen vielä hänen ulkopuoleltaan, ikäänkuin henkisestä maailmasta käsin. Toiselta puolen sielu oli ruumiin aineellisuuden vaikutuksen alainen. Riippuen siitä, kumman puoleen sielullinen suuntautui, henkeen vai aineelliseen, käsitti Platon nämä sielunalueet toiminnallisesti erilaisiksi.

Sitä sielunaluetta, joka suuntautui henkeen Platon kutsui nimellä *nous*, järkisielu, ja aluetta, joka suuntautui aineelliseen tai ruumiillisuuteen, nimellä *epithymetikon*, halusielu. Järkisielu edusti ihmisessä korkeinta ja puhtainta aluetta, halusielu taas alinta, eläimellisintä laatua. Sielun varsinainen oma alue oli nimeltään *thymos*, intosielu. Tämä on se sielunalue, joka tekee kaikesta ihmisen kokemuksellisuudesta hänen omaansa, mille hän lämpenee ja mille innostuu.

| Ihmisen olemus-puolet | Pneuma<br>henki | Psykhe<br>sielu | Sōma<br>ruumis |
|---|---|---|---|
| Sielun tasot tai alueet | Nous<br>järkisielu | Thymos<br>intosielu | Epithymetikon<br>halusielu |
| Hyveet<br>aretē | Sophia<br>viisaus | Andreia<br>rohkeus<br>mielenmaltti | Sophrosyne<br>kohtuus<br>itsehallinta |
| myöhemmät kristilliset hyveet | Totuus<br>ajattelun ominaisuus<br>totuudellisuus<br>todellisuuden myötäajattelu | Kauneus<br>tunteen ominaisuus<br>esteettisyys<br>toiseuden myötätunteminen | Hyvyys<br>tahdon ominaisuus,<br>eettisyys<br>toiseuden myötätahtominen |

Jokaiselle sielunalueelle kuului niitä vastaavat hyveet - *aretē*. Näiden kehityksestä ihmissieluissa tuli huolehtia kasvatuksessa, kreikkalaisessa paideiassa. Järkisielun hyve, sen kasvatuksellinen päämäärä oli *sophia*, viisaus. Intosielun hyve oli *andreia*, rohkeus, tasapaino pelon ja hullunrohkean välillä, myös mielenmaltti. Halusielun hyveenä nähtiin *sophrosyne*, kohtuus, itsehillintä. Halusielusta on sanottu, että se on kuin syöttöpossu. On varottava mitä sen kaukaloon heittää. Ellei sitä mitenkään rajoiteta, se syö itsensä hengiltä.[3] Sielunalueita ei pidä kuitenkaan ajatella erillisinä 'rakennuspalikoina'. Sielullinen, tai modernisti puhuen tajunnallinen tai mielellinen ihmisessä on yksi kokonaisuus. Sillä on vain toiminnallisesti erilaisia tehtäviä.

Kristillisyydessä nämä antiikin hyveet muuttuvat tutuksi sielunelämän kolminaisuudeksi: totuus, kauneus ja hyvyys. Nämä voidaan ymmärtää ajattelun, tuntemisen ja tahtomisen tavoiteltaviksi ominaisuuksiksi. Totuudellisuus, rehellisyys, todellisuuden myötäajattelu ajattelun hyveenä. Esteettisyys ja empatia, myötätunto tuntemisen hyveenä, sekä eettisyys ja myötätahto, toisen hyvän tahtominen tahdonelämän hyveenä.

Juuri tästä ihmiskäsityksestä, minkälaiseksi muinainen kreikkalainen ymmärsi ihmisen, seurasi hänen käsityksensä kasvatuksen tehtävästä. Kasvatuksessa on huolehdittava kaikista kolmesta ihmisenä olemisen elämänalueesta kokonaisvaltaisesti. Tosin Platon suhtautui nuorten poikien tunne-elämän kasvatukseen varauksella. Esimerkiksi musiikin opetusta tekhnenä, soitto- tai laulutaidon opetuksena hän ei suvainnut, sillä se vain sekoittaa nuorten miesten päät. Musiikin opetus Platonilla, kuten Pythagoraallakin oli musiikillisten harmonioiden 'teoreettista' opiskelua ja erityisesti Pythagoraalla näiden yhteyksiä lukuihin sekä kosmisiin harmonioihin. Sen sijaan, esimerkiksi Aristoteles katsoi, että sekä ajatteleminen (*logos*), tunteminen (*pathos*) että ihmisen tahdonelämä (*ethos*) kuuluvat oikeutetusti kokonaisvaltaisen, kaiken kattavan kasvatuksen (enkyklios paideia) piiriin.

## Antiikin varhaiset juuret

Ensimmäisten filosofien, esimerkiksi Thaleksen, Anaksimanderin sekä Anaksimeneen ajatuksista ovat tutkijat todenneet, että ne eivät ole aivan alkuperäisen kreikkalaisia.[4] Niihin ovat vaikuttaneet muinaiset kreikkalaiset kosmogoniset käsitykset, mutta myös itämaiset mytologiat,

3 Professori Simo Knuutila luennossaan Platonin filosofiasta Helsingin yliopistolla joskus 1990-luvulla.

4 Marcella Farioli, artikkeli; The Genesis of the Cosmos, the Search for the Arche and the Finding of Aitia in Classical Greek Culture

jotka kulkeutuivat Kreikkaan muinaisen Persian kautta. Platonin jälkeen, hänen työnsä jatkajat akatemiassa olivat sitä mieltä, että Platon sai vaikutteita ajattelulleen erityisesti persialaisten zarathustralaisuudesta, vaikka tämä ei sitä mainitsekaan tuotannossaan. Platon oli tietoinen kuvauksista erilaisista itämaisista maagikoista Herakleitoksen, Herodotuksen tai derveniläiskääröjen kirjoittajan kirjoituksista, ja häneltä löytyykin maininta kahdesta erilaisesta maagikkoryhmästä. Hän mainitsee pahat maagikot Valtio-teoksessaan. jossa Sokrates puhuu viekkaista maagikoista, jotka tekevät hallitsijoista tyranneja.[5] Näillä pahoilla maagikoilla oli kyky suostutella ja houkutella yhteisön jäseniä moraalittomuuteen ja pahimmissa tapauksissa korruptoituneeseen oikeus- ja hallintojärjestelmään. Siksi Platon vastustaa kasvatusajattelussaan oman aikansa sofisteille tyypillistä, pahojen maagikkojen tapaista suostuttelevaa ja häikäisevää ylipuhumisen tapaa tai taitoa (*rhetorike tekhne*), jonka tarkoituksena on ainoastaan voittaa kansankokouksen jäsenten mielipiteet puolelleen totuudesta välittämättä.

Platon mainitsee "hyvät maagikot" Alkipiades-teoksessa persialaisten pappien yhteydessä. Sokrates kertoo Alkipiadekselle kuninkaallisista opettajista, jotka opettavat Persian kuninkaan poikaa. Neljä opettajaa valitaan parhaiden miesten joukosta; yksi viisain, yksi oikeudenmukaisin, yksi kohtuullisin ja yksi rohkein.[6]

Viisain opettaa pojalle Zarathustralta periytyvää jumalten ja kuninkaallisten asioiden kunnioitusta. Kohtuullisimman opettajan on tarkoitus opettaa pojalle halujensa hallitsemista kohtuudessa ja niistä vapautumista. Oikeudenmukaisin opettaa totuudellisuuden taitoa. Platon ajatteli persialaisten "kuninkaallisen taidon", jota maagikot koulutuksessaan opiskelivat, vastaavan niitä taitoja, joita tarvitaan myös kaupunkivaltion yhteisten asioiden hoitamiseen tähtäävässä koulutuksessa.

Nämä muinaiset käsitykset joutuivat antiikin Kreikassa sen uuden tietoisuuslaadun tarkasteltavaksi, joka ei enää elänyt myyttisissä kuvissa, vaan uuden loogisen ajattelun kyvyn tavoittamassa järjellisyydessä. Platon ja Aristoteles loivat niistä käsitejärjestelmiä, jotka me nyt tunnistamme filosofisiksi järjestelmiksi. Sisältönsä ne kuitenkin saivat näistä

5 Platon: Valtio, 9, 575.

6 Artikkelissa: Phillip sidney Horky; Persian Cosmos and Greek Philosophy; Plato's associates and the Zoroastrian Magoi, Oxford Studies in Ancient Philosophy, Volume XXXVII 2009, Oxford University Press

varhaisemmista mytologisista 'viisausjärjestelmistä'.

Ihmiskäsitys, käsitys ihmisen todellisuudesta oli antiikin filosofeilla vielä henkinen, mutta he pyrkivät nyt ymmärtämään sitä uudella, esiin nousevalle ajattelulle sopivalla tavalla. Näin käy ilmeiseksi, että myös opiskelu Platonin akatemiassa, kuten myös Aristoteleen Lykeionissa sai vaikutteita itämaisista traditioista.

*Genoi hoios essi* – tule siksi mikä olet, kehoittaa antiikin runoilija Pindaros. Mitä tämä tarkoittaa? Miten voin tulla joksikin, joka jo olen? Mistä tässä puhutaan? Eikö siinä puhuta juuri ihmiskäsityksestä? Kuka minä olen? Mikä minä olen?

Kun totean, että olen ihminen, on tämä fakta, tosiasia. Kun taas puhun ihmisyydestä, on se jokin ominaisuus ihmisessä, jokin arvo. Kulttuuri on juuri inhimillisyyden, ihmisyyden arvon edistämistä.

Mikä sitten on inhimillistä? Tätä on usein vaikea nähdä eikä siitä aina löydy yksimielisyyttä ihmisyhteisöissä. Ihmisyys on arvo, ihanne, ideaali. Ihmisinä olemme tosiasiana vielä kaukana ideaalistamme, olemme eräänlainen keskeneräinen kehitysprojekti.

Muinaiskullttuureiden mysteerikoulut olivat paikkoja, joissa pyrittiin kasvattamaan ihmisessä esiin juuri näitä ihanteita, viisauden, oikeudenmukaisuuden, kohtuullisuuden ja rakkauden periaatteita. Tietoon saattoi mysteereiden oppilas kasvaa vain moraalisen kehityksen myötä. Näin siksi, että hänelle mysteereissä paljastuva tieto oli tietoa henkisestä, jumalallisesta kosmoksesta, joka oli salaista tavallisille kuolevaisille. Vasta kasvettuaan eettisyydessä ja moraalissa saattoivat häntä ohjaavat yksilöllisyydet auttaa häntä tiedostamisessa. Suhteessa tähän henkiseen tietoon, ei mysteereiden oppilas ollut vapaa. Sen saavuttaminen ei ollut seurausta hänen omasta ajattelustaan tai loogisesta päättelystään. Mysteerien tieto henkisestä tuli hänelle ulkoapäin opettajiltaan, ja sen hän omaksui luottavaisesti ja kunnioittavasti sellaisenaan.

Jos muinaiskulttuureissa tietäminen oli näin sidottu ihmisen moraaliseen luonteeseen, muuttui tämä asiantila antiikin Kreikan filosofiassa. Ihminen saattoi nyt omalla järjellään ymmärtää maailmaa ja itseään. Tästä tuli kaiken länsimaisen tieteellisen ajattelun kulmakivi. Ei enää profeettain ilmoitusten tai mysteereiden vihittyjen välittämää jumalallista tietoa, vaan filosofin, traditiosta vapaan ajattelijan, ihmisen itsensä tietoa.

Tähän tilanteeseen, jossa tapahtuu siirtymä myyttisestä aikakaudesta filosofiseen kauteen, sijoittuu Platonin akatemian toiminta. Kreikkalainen kasvatusajattelu saa siinä voimakkaan sysäykseen uuteen, jonka saatamme tunnistaa vapaana, itsenäisenä ajatteluna, mutta se säilyttää menneestä käsityksen eettisestä kasvatuksesta, joka yhdessä edellisen kanssa muodosti akatemian opetuksen didaktisen perustan.

## Platonin Akatemia

Platon, oikealta nimeltään Aristokles, syntyi Ateenassa ylhäiseen sukuun noin vuonna 427 eKr. Nimi Platon on kutsumanimi ja tarkoittaa 'leveäharteinen'. Kuuluisan filosofikoulunsa hän perusti n. 42-vuotiaana vuonna 387 eKr.

Opetus Akatemiassa tapahtui Akademeios jumalalle pyhitetyssä oliivipuulehdossa, jossa sijaitsi mahdollisesti muutama yksinertainen rakennus, joissa oleskeltiin talviaikana. Muulloin kuljeskeltiin lehdon käytävillä ja keskusteltiin opiskeltavista aiheista. Platon oli antanut pystyttää lehtoon pylväikköjä sekä patsaita jumalille ja muusille. Käytävien varsilla oli joitakin kivisiä penkkejä, joilla kävelijät saattoivat istahtaa oliivipuiden suomaan varjoon. Platonin tavasta opettaa tiedetään vain vähän. Luennoinnin sijasta hän luultavasti käytti keskustelevaa menetelmää, dialogia, jossa oppilaat saivat ratkaistavaksi jonkin kysymyksen, Platonin ohjatessa pohdintaa sopivilla huomautuksilla ja lisäkysymyksillä opettajansa Sokrateen tapaan. Tavoitteena oli herättää oppilaassa vapaan, itsenäisen ja totuudellisuteen pyrkivän ajattelun kykyjä.

Keskeisenä taustateemana opetuksessa oli Platonin ideaoppi, oppi ideoiden itsenäisestä todellisuudesta. Platonille ideoilla on oma erillinen olemassaolonsa aistimaailman ilmiöihin verrattuna. Aistiobjektit ovat vain ideoiden epätäydellisiä jäljitelmiä. Todellisuutta oli Platonille pelkästään ideoiden miellettävä maailma. Platon teki eron tiedon (*episteme*) ja luulon (*doksa*) välillä siten, että tieto on jotain ikuista, kun taas luulo on jotain ajassa muuttuvaa. Koska aistimaailma on jatkuvan muutoksen alainen, se ei voi olla tiedon, vaan ainostaan luulon, mielipiteen kohteena. Todellista tietoa voi saada vain ideoiden ikuisesta maailmasta, joka oli ihmisen järjen ja erityisesti matematiikan (geometrian) avulla saavutettavissa.

Vuonna 367 eKr. Akatemiaan saapuu nuori 18-vuotias oppilas Aristoteles (384-322 eKr), joka viipyy Akatemiassa, aluksi Platonin oppilaana ja myöhemmin Akatemian opettajana kahdenkymmenen vuoden ajan. Nykyään tutkijat katsovat, että Aristoteles saattoi kehittää oman filosofiansa rakentamalla sitä Platonin ajattelun pohjalta ja peilaamalla omia näkemyksiään siihen sekä esisokraatikkojen ajatteluun.

Sekä Platon etä Aristoteles katsoivat, että ihmisen tiedon kohteina ovat ideat (*eidos* tai muodot). He kuitenkin ymmärsivät ideoiden ontologisen, perimmäisen, olemuksellisen luonteen eri tavoin. Kun Platonille ideoilla on oma erillinen olemassaolonsa aistimaailman ilmiöihin verrattuna, katsoi Aristoteles, että ideat ovat olemassa yksittäisissä aistittavissa olioissa ja ainoastaan niissä. Aristoteles ilmaisee asian sanomalla, että idea on se, mikä on universaalia, yleistä yksittäisissä olioissa. Yleinen kuuluu yksittäisiin olioihin välttämättömyytenä. Voidaan sanoa, että universaali on se osa olioita, joka on "nähtävissä" ajattelun avulla. Toinen osa, se mikä on erityistä olioissa, on niiden aines, substanssi (*hyle*), joka on aistein tavoitettavissa. Aristoteles katsoi, että tavoitamme todellisuuden näiden kahden - aineellisuudesta peräisin olevien aistimusten (hyle) ja ideaalisten muotojen (eidos) yhdistyessä tajunnassamme ymmärtämisen tapahtumassa (*hylomorfia*).

Antiikin Kreikassa pohdittiin myös kysymystä onnellisesta, hyvästä elämästä (*eudaimonia*). Mikä tekee ihmisen onnelliseksi? Yleinen näkemys oli, että onnellisuus on "korkeamman kädessä", tai sattuman kauppaa. Ihminen on onnekas jos voi kokea elämänsä hyväksi. Onnea jakoi Felicitas-jumala kohtalonomaisesti ja joskus myös oikukkaasti.

Sanan eudaimonia etuliite 'eu' tarkoittaa hyvää. 'daimon' taas henkeä, jumaluutta, tai ihmisen suojelusenkeliä. Darrin McMahon kirjoittaa;

> "Onni on omata hyvä henki (suojelusenkeli) rinnallansa, jumalan lähettiläs, joka huolehtii meistä ja toimii näkymättömästi Olympolaisten puolesta."[7]

7 Darrin McMahon; Happiness a History, ss. 3-4.

Hyvän daimonin vastakohtaa kreikkalaiset kutsuivat nimellä *dysdaimon* (demoni) tai *kakodaimon* (paha henki).

Antiikin filosofit kuitenkin ajattelivat, että ihmisen onnellisuus ei ole vain kohtalon sanelemaa. Ihminen voi itse vaikuttaa sen muodostumiseen. Onnellisuus ei heidän mukaansa ole myöskään subjektiivinen mielipideasia, että tuntee itsensä onnelliseksi tai onnettomaksi. Oliko ihmisellä hyvä ja onnellinen elämä paljastuu ihmiselle kuoleman hetkellä, jolloin juuri päättynyt elämä saa arvion tai luonnehdinnan siitä, mikä merkitys sillä on ollut maailmalle ja sen olennoille kokonaisuudessaan.

Nykyään ajattelemme, että jokainen on oman onnensa seppä. Onnellisuus nähdään suorastaan ihmisen luonnollisena oikeutena. Väkivallattoman vastarinnan isänä ja oikeuden puolustajana tunnettu Mahatma Gandhi oli kuitenkin sitä mieltä, että 'ihmisoikeudet' eivät yksinään riitä. Tarvitaan myös 'ihmisvelvollisuudet'.

Antiikin filosofit ajattelivat, että eläminen hyveellisesti luo hyvän elämän – onnellisen elämän. Aristoteles toteaa, että hyvä ihminen luo onnellisuutta elämisen avulla. Tämä on ymmärrettävä siten, että ihmisen hyvyys on jotakin, joka tulee toisten olentojen onnellisuuden hyväksi. Onnellisuutta voimme luoda vain toinen toisillemme, toisten hyvää tahtomalla.

Mutta mikä sitten on hyvää? Mikä on oikein, tai totta? Tämä vaihtelee yksilöstä toiseen, kulttuurista ja aikakaudesta toiseen. Jos se vaihtelee, miten voimme tietää varmasti?

Platon vastaa: On olemassa tosi ja hyvä jota kohti voi pyrkiä, vaikka ei ole varmuutta siitä mikä se on. Tämä on niin kutsuttu Menonin paradoksi. Sokrates opettaa, että kaikki tiedon hankkiminen on muistiin palauttamista, (*anamnesis*). Platon: Mielemme tavoittaa ideoiden todellisuuden muistamalla se muodot (*eidos*) joita katselimme sielun silmin henkisessä olemassaolossa ennen syntymäämme. Todellisuuden oppiminen on esisyntymällisen muistamista. Todellisuuden opettaminen on siksi muistuttamista.

Sen, mitä Platon ei pysty opetuksessaan perustelemaan rationaalisesti, sen hän esittää tarinan, myytin tai vertauskuvan avulla. Vertauskuva muistuttaa, kuulijasta on kiinni muistaako hän. Vertauskuvilla Platon puhuttelee ihmisen korkeampaa minuutta, sitä osaa ihmisessä, joka on peräisin esisyntymällisestä.

Kuuluisin Platonin opetuksessaan käyttämistä vertauskuvista on ehkä hänen luolavertauksensa. Siinä joukko ihmisiä on kahlehdittu liikkumattomiksi luolan perälle, katse luolan takaseinään, jonne heijastetaan varjokuvia esineistä, joita kuljetetaan kahlehdittujen takana, luolaa valaisevan nuotiotulen editse. Varjokuvat seinällä ovat ainoa asia, jonka vangitut näkevät ja ne muodostavat heille 'näkyvän maailman' ja koko 'todellisuuden'. Yksi heistä vapautuu kahleistaan, hän kääntyy ympäri valoa kohden, aluksi häikäistyen ja pelästyen, mutta lopulta ymmärtäen aikaisemmin näkemiensä varjokuvien syntymisen. Hän kääntyy ja nousee luolastaan ja saapuu ulos auringonpaisteeseen ja ymmärtää todellisuuden olevan muuta kuin mitä hän oli luolassa luullut. Hän palaa takaisin luolaan ja yrittää vapauttaa muita vangittuja, mutta nämä kauhistuvat ajatusta ja kieltäytyvät luopumasta kahleistaan, sanoen auttajansa olevan mieltä vailla, ja pitäytyvät tiukasti varjokuviensa 'todellisuuteen'. Heidät on lopulta raahattava ulos luolasta vastoin tahtoaan, jotta hekin ymmärtäisivät mikä on todellisuutta.

Luolavertauksen opetus on, että ihmisen kehitys alkaa kääntymisellä kohti valoa, kohti ikuisten ideoiden todellisuutta. Kehitys tiedoissa ja hyveissä on nousua, kiipeämistä korkeammalle tasolle luolasta kohti valoa. Kohoamalla ihminen vapauttaa todellisen itsensä, sielunsa. Oman aikamme tieteellinen tulkinta luolavertauksesta on usein se, että varjokuvat luolassa edustavat vanhoja, lähinnä uskonnollisia uskomuksia todellisuudesta, ja kääntyminen ja nousu valoon merkitsee kääntymistä nykyaikaiseen (luonnon)tieteelliseen, materialistiseen ajatteluun. Vaikka tulkinta ei ole aivan väärä, olisi se antiikin ihmiselle ollut käsittämätön. Materialistinen luonnontiede on kylläkin platonismia, mutta ilman henkisyyttä, joka oli ominaista Platonille.

Professori Wilenius tapasi usein käyttää opetuksessaan vertausta ihmisen luonnosta, hänen luonteestaan maaperänä, joka aina kasvaa jotakin. Hoitamattomana se kasvaa rikkaruohoja. Vain hoidettuna se voi tuottaa jotain tervehdyttävää, kaunista ja hyvää sekä inhimillistä.

Aristoteles toteaa teoksessaan Nikomakoksen etiikka, että jos on vallassamme tehdä hyvää, on myös vallassamme olla tekemättä pahaa. Lause sisältää ajatuksen, että sekä hyvän että pahan tekeminen, jos ne ovat meidän vallassamme, ovat molemmat vapaaseen tahtoon perustuvia. Kukaan tai mikään ei pakota meitä hyvään tai pahaan. Niihin me suuntaudumme usein tiedostamatta, mutta silloin kun me ne tiedostamme, tapahtuu valintamme vapaasta tahdosta – tai milloin emme aina jaksa tahtoa, silloin emme myöskään ole täysin vapaita.

Puhe eettisyydestä ja toisen hyvän vaalimisesta koetaan nykyaikana usein moralisointina ja syyllistämisenä. Eikä aina syyttä. Puutarhuri ei kuitenkaan pelkästään raada ja työskentele tarhansa kasvien ja maaperän hoitamiseksi. Hän myös nauttii kaikesta siitä kauneudesta, joka syntyy kasviloistona puutarhassa työnsä seurauksena ja siitä ravinnosta, jota sen hedelmät hänelle tarjoavat. Puutarhuri olet sinä. Elämä on sinun puutarhasi.

Platonin ihmiskäsityksestä seurasi suoraan, ei pelkästään hänen opettamansa moraalifilosofia, vaan myös yleinen kreikkalainen kasvatusihanne, paideia. Kasvatuksen päämäärä on sama kuin ihmisen päämäärä; so. sokraattinen vapauteen auttaminen. Tämä on samalla filosofin tie; kääntyminen ja kohoaminen valoon. Ihmisyksilön kohdalla on siten kyse vapauteen kasvattamisesta, kuten Aristoteles asian ilmaisee. Yhteiskunnan kohdalla on kyse rauhaan kasvattamisesta.

## Akatemian viimeiset vaiheet

Antiikin filosofian kirjoitetusta perinnöstä merkittävä osa katosi Aleksandrian kirjaston palossa ja vaikka yrityksiä säilyttää ja kehittää sitä edelleen esiintyi siellä täällä, jäivät nämä merkityksessään alkuperäisen akatemian varjoon. Tunnetuin näistä oli 200-luvulla Aleksandriassa eläneen Ammonius Sakkasin perustama koulu, jonka pyrkimyksenä oli yhdistää opetuksessa Platonin ja Aristoteleen filosofiat. Ammonius Sakkasin sanotaan olleen eräs uusplatonismin perustajista.

Ateenassa akatemian viimeisen uusplatonistisen vaiheen merkittävimpiä kreikkaiaisia filosofeja olivat olleet mm. Plotinos, Porfyrios, Jamblikos, Plutarkhos, Proklus, Damaskius ja Simplikius.

Jamblikuksen ja muiden Persiasta palanneiden filosofien sekä Bysantin ja arabialaisten kommentaattoreiden ansiota paljolti on, että Platonin ajatukset eivät kokonaan kadonneet euroopan kansoilta.

Jamblikus opetti, että ruumis on hauta, johon ihmissielu lasketaan syntymässä. Maaelämä on kärsimystä, mutta kärsimyksen kautta tapahtuu sielun puhdistuminen, *katharsis*. Ruumis on samalla pyhättö, temppeli, jossa ihmissielu kohtaa jumalansa temppelin alttarilla, sydämessään. Tämän kohtaamisen tekee mahdolliseksi tietoisuuden syveneminen, transformaatio – 'theurgia', jolla Jamblikus tarkoitti "tulemista jumalan kaltaiseksi". Se on "jumalallista toimintaa", toimintaa rakkaudesta käsin. Ihminen on tavallaan hybridi, sekä jumalallinen että inhimillinen, kuolematon ja kuolevainen. Koska jumaluus on jokaisen ihmisen sisäisyydessä, mahdollistaa tämä välittömän suoran yhteyden ihmisen ja jumalallisen välille ilman pappien ja kirkon välikäsiä. Jamblikus viittaa tässä sellaiseen kokemuksellisuuden mahdollisuuteen, josta Paavali kertoo matkallansa Damaskoon.

Jamblikus tavallaan palaa opetuksessaan siihen mysteereiden ihmiskäsityksen olemiskysymykseen, jota Platon ja antiikin filosofit tarkastelevat filosofioissaan ajattelun kysymyksenä. Jamblikuksen pyrkimyksenä oli vanhan viisauden säilyttäminen, synteesin muodostaminen vanhoista egyptiläisistä mysteereistä sekä antiikin filosofiasta. Ihminen on ruumis, sielu ja henki. Kaikki oleminen virtaa yhdestä alkulähteestä. Yhdestä syntyy olevan moninaisuus. Kaikella mikä on olemassa on kaipaus takaisin alkulähteeseen. Tämä kaipaus on perusvoima kosmoksessa – Eros, rakkaus. Koko kosmos on siten yksilöllistymisen ja yhdistymisen periaatteen alainen.

Akatemia jatkoi toimintaansa hieman eri muodoissaan ja erilaisten filosofisten suuntausten vallitessa vielä lähes yhdeksänsadan vuoden ajan Platonin kuoleman jälkeen. Roomalainen keisari Sulla tuhosi vanhan Akatemian vuonna 86 eKr. Akatemia kuitenkin elpyi uus-platonikkojen toimesta ja sen toiminta lakkasi lopullisesti vasta kristillisyyteen kääntyneen keisari Justinianuksen aikana vuonna 529 jKr, jolloin Platonin filosofian opettaminen sen uus-platonistisessa muodossa kiellettiin.

Viimeiset akatemian opettajat joutuvat lähtemään maanpakoon ja päätyvät Persiaan, silloisen Sassanidihallitsijan Khosrau I:n hoviin. Tämä halusi perustaa Ktesifoniin, valtakuntansa pääkaupunkiin aikansa suurimman ja merkittävimmän viisauden keskuksen, johon oli kutsunut ajattelijoita ja opettajia ympäri tuon ajan tunnettua maailmaa. Hän muun muassa käännätti akatemian opettajien välittämää Platonin filosofiaa pahlavin kielelle. Jo kuitenkin vuoden kuluttua saapumisestaan Persiaan akatemian opettajat palasivat Kreikkaan ja oletettavasti jatkoivat opetustyötään itsenäisesti kukin tahollaan.

## Chartresin koulu

Platonin akatemian lopetettua toimintansa Ateenassa seurasi Euroopan kulttuurielämässä eräänlainen filosofis-tieteellisen elämän vaimeampi vaihe. Rooman keisari Justinianuksen säätämä laki määräsi, että barbaarit eivät saaneet enää opettaa Ateenassa. Tämä oli antanut lopullisen iskun Ateenan koulun mahdollisuudelle jatkaa toimintaansa. Hengenelämää hallinnoi varhaiskeskiajan kirkkoisien määrittelemä kristillisyys, joka antoi suuntaviivat myös kasvatuksellisille pyrkimyksille. Kirkon ylläpitämissä katedraali- ja luostarikouluissa keskeistä oli luku- ja kirjoitustaidon opettaminen. Sisällöllisesti opetus painottui usein roomalaiskatolisen kirkon dogmin välittämiseen sukupolvelta toiselle. Filosofia ja luonnontutkimus antiikin merkityksessä jäi tuolloin eurooppalaisen ihmisen kiinnostusten ulkopuolelle.

Vaikka Eurooppa kadotti paljon antiikin filosofien ajattelusta, ei puhe "pimeästä keskiajasta" kuitenkaan pidä kaikilta osin paikkaansa, mikäli sillä halutaan luonnehtia keskiaikaa pelkästään barbaariseksi ja sivistymättömäksi. Antiikin kreikkalaisuuteen kuulunut tyypillinen koulutusohjelma välittyi eteenpäin roomalaisessa kulttuurissa sellaisten aikansa merkittävien vaikuttajien toimesta kuten Varro, Cicero, Seneca ja Martianus Capella. 400-luvulla elänyt Martianus Capella tunnetaan teoksestaan De Nubiis Philologiae et Mercurii (Filologian ja Merkuriuksen Häät). Teos tunnetaan myös nimellä Seitsemän taidetta tai Seitsemän tieteenalaa, jotka olivat samoja, joita opiskeltiin antiikin filosofikouluissa. Capellan teosta sovellettiin eurooppalaisen koulutusajattelun perustana aina keskiajalle asti ja sen mukaisia opintoja kutsuttiin artes-opinnoiksi, *artes liberales.*

Varhaiskeskiajan luostarikoulujen ja katedraalikoulujen opetuksen kehittymiseen Euroopassa vaikutti suuresti Frankkien kuninkaan ja Rooman keisarin Kaarle Suuren kiinnostus valtakuntansa sivistyksellisen tilan parantamiseen. Koulutuksellisen reforminsa hän aloitti vuonna 780 palatsikoulussaan, josta se levisi pikaisesti koko valtakuntaan. Kaarle

Suuren pyrkimykset tunnetaan erityisesti latinan kielen opetuksen edistämisestä valtakunnassaan, josta sen osaaminen oli hajoamassa moniksi murteiksi ja sen kirjoitus- ja lukutaito häviämässä hovin ja kirkon sivistyneistöltä. Hänen päätöksellään myös seitsemän vapaata taidetta otettiin vakituiseksi koulutusohjelmaksi kaikkiin valtakuntansa katedraalikouluihin. Tämän uudistuksen toimeenpani Kaarle Suuren hoviinsa kasvatukselliseksi neuvonantajaksi ottama Englannin Yorkista kotoisin oleva munkki, Alcuin.

## Antiikin paideiasta korkeampien opintojen perusta

Antiikista perua olevat kasvatus- ja koulutusihanteet astuvat jälleen julkisuuteen 900-luvun lopussa ja 1000-luvun alussa kun joukko Platonin filosofiasta kiinnostuneita teologeja perustaa katedraalikoulun Chartresin kaupunkiin lähelle Pariisia piispa Fulbertus Chartresilaisen johdolla. Täällä herää henkiin Platonin ja Aristoteleen filosofioihin pohjaava kasvatusfilosofia paideian ihanteen muodossa yhdistettynä kristillisiin arvoihin.

Kaarle Suuren pojanpoika Kaarle Kaljupää oli jo 800-luvulla rakennuttanut Chartresiin jumal-äidille, neitsyt Marialle pyhitetyn katedraalin. Tämä kappeli paloi vuonna 1020. Palaneen tilalle rakennettiin uusi, mutta sekin paloi vuonna 1134, seuraava paloi vuonna 1194. Palaneen tilalle rakennettiin aina uusi katedraali, viimeinen vihittiin käyttöön vuonna 1260. Chartresissa säilytettiin Kaarle Kaljupään lahjoittamaa punaista tunikanpalaa, jonka sanottiin olevan peräisin jumal-äidin pyhästä vaatteesta (Sancta Camisia).

Chartresissa opiskeltiin 1000-luvun alusta lähtien seitsemän vapaan taiteen opintoja (Septem artes liberales). Näitä perenniaalisia, voisi sanoa myös ensimmäisiä yleisopintoja, kutsuttiin 'ihmisen täydellistymisen tieksi'. Kyse oli ihmisen perimmäisen olemuksen tiedostamisesta koulutuksen päämääränä ja ihmisyydelle tärkeiksi koettujen arvojen toteuttamisesta ihmisyksilössä, aivan kuten antiikin paideiassa oli ajateltu, – nyt kristillistyneessä muodossa.

Chartesin opintojen ensimmäinen osa koostui jo antiikin Kreikassa tutuista opinnoista: retoriikka, grammatiikka ja dialektiikka. Chartesissa niitä kutsuttiin roomalaisen ajan perinteen mukaisesti *triviumin* opinnoiksi. Toinen osa, *quadrivium* koostui jo aikaisemmin Pythagoraan ja Platonin yhteydessä mainituista oppiaineista aritmetiikka, geometria, astronomia ja musiikki. Nämä seitsemän vapaata taidetta ymmärrettiin Chartresissa valmistuksena korkeammille opinnoille, tarkoituksena herättää opiskelijoissa tieteellis-taiteellisia kykyjä ja moraalisia voimia sekä valmistamaan heitä korkeampaan tietoon. Opintojen ohessa opiskelijat osallistuivat katedraalin rakentamiseen. 'Ora et labora', rukoile ja tee työtä oli kristillisen luostarielämän hyveisiin kuulunut periaate.

Kun Platonin akatemiassa paideia ymmärrettiin vapaan ihmisen kasvatuksena tarkoitettuna ylimystölle, joka oli työstä vapaa, sisälsi tämä näkemys eron yleissivistyksen ja ammattisivistyksen välillä. Vain edellinen oli kreikkalaisille paideiaa. Vapaan ihmisen taidot olivat siten latinaksi ilmaistuna artes liberales. Työ oli kreikkalaisille epävapaata, välttämätöntä. Työssä vaadittavat taidot ovat artes serviles (servus= orja). Keskiajalla puhuttiin näistä myös termillä artes mechanicae. Chartresissa ei katsottu työn olevan sopimatonta vapaalle ihmiselle – päinvastoin. Siellä myös ihmisen vapaus tuli arvioitua uudelleen kristillisestä näkökulmasta käsin.

Aristoteles oli todennut, että kaikki traditio ei ole huonoa ja hylättävää. Riippuu tradition sisällöstä onko se hyödynnettävissä uutena aikakautena. Traditiota tarvitaan, mutta se on yksilön kohdattava vapauden ilmapiirissä, oman itsenäisen ajattelun avulla. Tarvitaan sisäistä vuoropuhelua tradition ja nykyhetken välillä. Eksistenssifilosofi Martin Heidegger ehkä sanoisi, että tradition sisältö tulisi antaa ajattelulle ajateltavaksi.

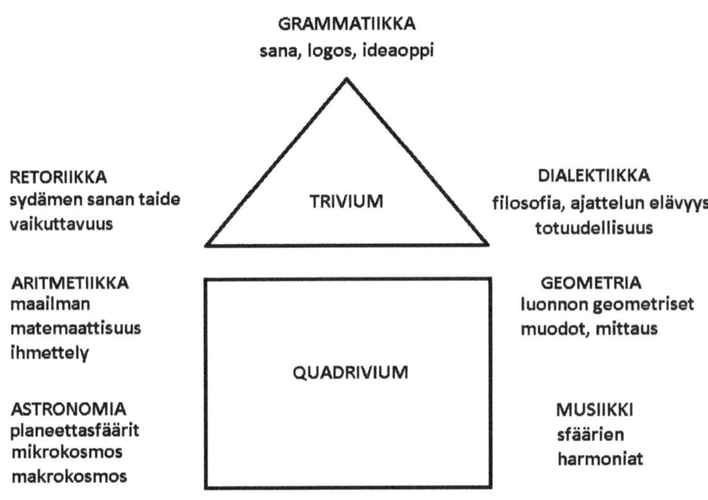


Septem artes liberales – seitsemän vapaata taidetta

Platonismi muuntuu Chartresissa kristillisyyden vaikutuksesta uudeksi kulttuuri-impulssiksi – "uuden ihmisen luomiseksi hengestä käsin".

Chartresissa tulivat yhteen sellaiset yksilöllisyydet kuten Bernardus ja Theodorik (Thierry) Chartresilainen, Fulbertus Chartresilainen, William Conchesilainen, Gilbert de la Porrée, Bernardus Silvestris, Johannes Salisburylainen sekä mahdollisesti myöhemmin Pariisissa "Doctor Universaliksena" tunnettu Alanus ab Insulis (Alain de Lille). Alanuksen osallisuudesta Chartresin koulun opetukseen ei ole mitään kirjallisia viitteitä, mutta hänen opetuksensa Pariisissa on sopusoinnussa kaiken Chartresin opetuksen kanssa. Lisäksi hänen vaikutuskautensa Pariisissa osuu yhteen Chartesin koulun kukoistuskauden kanssa.

Chartresin teologit eivät hyväksyneet yleistä katolisen kirkon kantaa, että aistillinen maailma olisi langennutta ja ihminen ruumiillisuudessaan syntinen ja, että "vain uskosta ihminen pelastuu". Kuten apostoli Paavalin omakohtainen kokemus Kristuksesta Damaskon tiellä, ja kuten Dionysios Areopagitan opetukset valmistumisesta, valaistumisesta ja vihkimyksestä kertovat, on ihmisen mahdollista rakentaa välitön, kokemuksellisuuteen perustuva yhteys henkiseen, jumalalliseen. John Scotus Eriugena oli kääntänyt Areopagitan kirjoitukset latinaksi Ranskan kuninkaalle Kaarle Kaljupäälle. Teoksen keskiössä on ajatus, että kuten ihminen ruumiinsa avulla osallistuu ympäröivän luonnon olemiseen, samoin hän osallistuu henkensä avulla henkisen maailman ja henkisten olentojen olemiseen.

Myös chartresilainen Bernardus Silvestris protestoi sitä käsitystä vastaan, että luonto olisi alempiarvoista ja syntistä. Ihmisen ja maailman luomiseen osallistuivat hänen mukaansa sekä korkeudet että syvyydet. Ihminen kantoi siksi olemuksessaan sekä valon että pimeyden voimia. Siksi on soveliasta, että hän sovittaa askeleensa molempien maailmojen kamaralla.

Tätä mieltä oli ollut jo esisokraattinen filosofi Parmenides, joka runossaan "Luonnosta" kertoo kokemuksestaan elealaisten mysteereiden oppilaana. Parmenides kuljetetaan Auringon tyttärien ohjastamissa vaunuissa Yön jumalattaren luo, joka ottaa kuolevaisen Parmenideen suopeasti vastaan kuolemattomien asuinsijoille. Jumalatar opettaa Parmenidesta ymmärtämään niitä kahta tietämisen tapaa, jotka ovat mahdollisia ihmiselle. Ensimmäinen, Olemisen, aletheian tie, on ainoa todellisuuteen johtava tie – kuolemattomien jumalten tie. Se on Parmenideen mahdollista oppia siksi, että hän on mysteereiden oppilaana (kouros) muuntunut sisäisesti (transformaatio) ja saavuttanut kyvyn seurata jumalattaren opetusta. Toinen on "olevan" tie, jolla kuolevaiset vaeltavat ollen milloin mitäkin mieltä; "sillä epäily ohjailee heidän harhaillevaa ajatteluaan rinnassansa, siten että he kulkevat typertyneenä kuten kuurot tai sokeat ihmiset". Tämä on doksan, eli luulon, mielipiteen tie. Jumalatar kuitenkin korostaa, että molemmat tiet on Parmenideen tarpeellista oppia – myös doksaattinen tietämisen tapa, vaikka se on harhainen aletheian tiehen verrattuna.

1100-luvun puolivälissä vaikuttanut "Doctor Universalis", Alanus ab Insulis, joka tunnetaan Pariisin yliopiston teologian professorina, on mahdollisesti opettanut myös Chartresin katedraalikoulussa, jossa hän oli aikaisemmin opiskellut mm. Gilbert de la Porréen ja Theodorik

Chartresilaisen johdolla.

Alanuksen teos *Anticlaudianus* kertoo luonnon jumalattaresta Naturasta, joka on tyytymätön luomistyönsä surkeaan tilaan ja kutsuu kokoon taivaallisen konsiilin, johon saapuvat enkelten joukot taivaista. Kirkkauden loistostaan he astuvat alas maan olemassaoloon. Seuraavaksi saapuvat hyveet; sopuisuus, armo, nuoruus ja ilo, vaatimattomuus, säädyllisyys ja arvokkuus, järki ja äly, myötätunto sekä totuudellisuus. Kaikki kiiruhtivat Naturan asuntoon ja valaisevat sen omalla loistollaan. Luonnon asumus kuvataan paratiisina, elämän runsauden, rauhan ja kauneuden tyyssijana. Kaikessa luodussa on kuitenkin puutteita ja vikoja ja siksi Natura haluaa luoda yhden, joka omistaisi kaikkien muiden hyvät ominaisuudet ilman niiden vikoja, yhden joka toisi sovituksen ja tasoituksen luonnonolentojen rappiolliseen tilaan. Natura ehdottaa, että ihminen tulisi luoda uudelleen siten, että hän tulevaisuudessa olisi sellainen, mikä hänestä tulisi ilman syntiinlankeemusta. Naturan on mahdollista selviytyä aineellisen kehon luomisesta, mutta hän ei voi luoda sielua eikä henkeä. Siksi konsiili päättää pyytää ylintä luojajumalaa luomaan nämä korkeammat, henkis-sielulliset olemuspuolet.

Alanus kuvaa seitsemän vapaata taidetta seitsemänä jumalallisena neitsyenä, jotka toimivat näiden taiteiden alkulähteenä. Vapaista taiteista rakennetaan vaunut ja ihmisen viisi aistia valjastetaan ratsuiksi vetämään vaunuja. Hevosista ensimmäinen on näköaisti. toinen on kuuloaisti, kolmas hajuaisti, neljäs makuaisti ja viides on tuntoaisti.

Järki, intellekti asetetaan ajuriksi ja älykkyys, jolle annetaan tehtäväksi viedä luojajumalalle pyyntö puhtaan ihmissielun luomisesta, nousee vaunuihin matkustajaksi. Matka ylimpiin taivaisiin jumalan luo, ilmakehän ja planeettojen alueen läpi tähtien firmamentille asti on kuitenkin vaikea ja pitkä, ja yksi toisensa jälkeen ratsut väsyvät ja lopulta valjakko pysähtyy kykenemättä jatkamaan matkaa. Silloin korkeuksissa ilmestyy taivaallinen neitsyt tähtiloistossa, puettuna kultaiseen ja hopeiseen vaatteeseen ja jalokivin koristeltuun kruunuun. Äly huutaa tätä avukseen:

> "Sinä taivasten kuningatar, jumalatar ja korkeimman taiteilijan tytär, sinun jumalaiset kasvosi osoittavat, että et ole kuolevainen eikä sinussa ole ihmissukumme puutteita. Sinä, joka kasvoiltasi olet jumalallinen, sinun valtikkasi kertoo, että olet kuningatar ja kirkkautesi loisto kertoo, että olet Jumalan

tytär. Sinulle ovat tuttuja taivasten valtaistuimet ja korkeuksien tiet, Olympoksen rajat ja ylimaalliset maailmanääret, ukkosen kumisevat kentät, kuten myös itse Jumalan valtaistuin ja kohtalon puheet. Auta minua epäröivää, ohjaa minua typerystä kauheassa hädässäni, opeta minua, tue minua horjuvaa, lohduta minua surevaa, iloisesti neuvo vierastasi, auta minua päättämään aloitettu, lujita minua siinä missä lankean ja ole kaatuvalle tukena."[8]

Taivaallinen neito tervehtii älyä suopeasti ja auttaa tätä jatkamaan matkaansa korkeuksiin. Valjakko vaunuineen ja järki joutuvat jäämään alempaan taivaaseen. Ainoastaan yksi ratsuista saattaa jatkaa matkaa ja se on kuuloaistia vastaava hevonen. Sen selässä älykkyys ratsastaa neitsyen opastamana Empyreumiin, Jumalan asuinsijoille, Pyhän kolminaisuuden piiriin.

Äly lankeaa Jumalan eteen ja esittää saamansa tehtävän. Jumala luo sielun hengen ikuisen alkukuvan mukaisesti ja luovuttaa sen älylle, vannottaen tätä huolehtimaan sen turvallisesta saattamisesta alas maan piiriin, ja varomaan, ettei vihamielisen planeetan pahuus sitä matkalla turmele. Älykkyys laskeutuu onnellisena alas ja luovuttaa jumalan luoman sielun Naturalle ja hyveille. Natura takoo sielulle ruumiin. Sopu ja harmonia liittävät sen hengestä luotuun sieluun ja hyveet koristelevat sen.

Eläköön maan päällä työmme tuloksena jumalallinen ihminen. Asuttakoon hän hengellään taivasta ja ruumiillaan maata. Olkoon hän inhimillinen maan päällä, jumalallinen tähtien joukossa. Tulkoon hän siten jumalaksi ja ihmiseksi ja täydentäköön toinen toista, ja keskitietä kulkekoon hän vapaasti.

Kun uusi puhdassieluinen ihminen oli luotu, kantautui siitä tieto raivoavalle koston ja pahuuden jumalattarelle Alektolle. Tämä kokosi joukkojaan hyökätäkseen uuden ihmisen ja tämän kanssakulkijoiden kimppuun. Siksi on uuden ihmisen alati taisteltava pahaa ja paheita vastaan. Lopuksi paha kuitenkin syöksetään syvyyksiin ja uusi hengestä käsin luotu ihminen saavuttaa voiton.

---

8 Wilhelm Rath; Alanus ab Insulis, Der Antiklaudian, Mellinger Verlag, 1983, s. 179-180, suom. RR

Alanus ab Insuliksen Antiklaudianus-teoksen sanoma oli kristillisyyden taiteelliseti hedelmöittämää ja henkiin herättämää antiikin paideian mukaista kasvatusfilosofiaa. Kun muinaisen Egyptin mysteerit edellyttivät niihin osallistuvalta moraalista kasvua ja ehdotonta kuuliaisuutta ja vaikenemista mysteereiden sisällöstä, edellytti Pythagoras oppilailtaan salaisen korkeimman opetuksen, hieros logoksen lisäksi matemaattisia opintoja. Oppilaan koko ajattelun oli tultava matemaattisen päättelyn kuvaksi, loogiseksi ja selkeäksi. Myös Platonin akatemiaan kuuluivat mathemaatan opinnot sekä lisäksi grammatiikka, retoriikka ja dialektiikka ja siellä kaikki opetus oli avointa. Chartresissa nämä elpyvät seitsemänä opetuksen tukipilarina.

Chartresin koulun opetuksesta tunnetaan edellisten lisäksi pyrkimys myötätunnon, rakastamisen kyvyn (caritas) kehittämiseen ihmisessä koko luomakuntaa kohtaan. Rakasta lähimmäistäsi niin kuin itseäsi. Egoismin oli määrä muuntua oppilaassa altruismiksi. Myötätunto, lähimmäisenrakkaus nousi Chartresissa antiikin paideia-ihanteen rinnalle osaksi sen kasvatuksellista eetosta. Chartresin opettajien kehittämässä muodossa nämä kristillistyneet seitsemän vapaata taidetta omaksuttiin kaikkiin ensimmäisiin eurooppalaisiin yliopistoihin korkeampiin opintoihin valmistavina opintoina. Näitä olivat yliopistojen alkuaikoina teologia, oikeustiede ja lääketiede.

## Pariisin yliopisto

Euroopan ensimmäiset yliopistot perustettiin noin vuosien 1100 – 1300 välisenä aikana. Bolognaan vuonna 1088, Oxfordiin vuonna 1200. Modenaan vuonna 1175, Cambridgeen vuonna 1209 ja Salernoon 1100-luvun alussa, joskin siellä toimi benediktiiniläisluostarin ylläpitämä kuuluisa lääketieteellinen koulu jo 900-luvulla.

Pariisin yliopisto (Sorbonnen yliopisto) aloitti toimintansa Pariisin katedraalikouluna vuonna 1150. Vuonna 1200 kuningas Filip II myöntämä perustamiskirja teki koulusta Ranskan ensimmäisen yliopiston (Universitas). Se sai vaikutteita Chartresin katedraalikoulun opetuksesta ja myös opettajia ja opiskelijoita, jotka olivat läpikäyneet Chartresin artes-opintoja. 1200-luvun puoliväliin mennessä Pariisin yliopisto oli jo ohittanut Chartresin tärkeydessään. Chartresista omaksuttu, korkeampiin opintoihin valmistava artes-opintojen muoto toimi kuitenkin esikuvana Pariisille ja muille tuona aikana perustettaville yliopistoille. Näin seitsemän vapaan taiteen opinnot vakiinnuttivat asemansa yliopistollisina opintoina kautta koko Euroopan.

Yliopiston latinankielinen nimi 'universitas' tulee kiltanimestä: Universitas magistrorum et scholarium, eli opettajien ja opiskelijoiden yhteisö. Järjestäytyminen kiltaperinteen mukaisesti mestarien ja kisällien tapaan yhteenliittymäksi ammattikunnittain, oli keskiajalle tyypillinen tapa suhtautua opettamiseen ja oppimiseen.

Pariisin keskustassa, Seine-joen rannalla sijaitsi tuolloin muutamia kivirakennuksia, joissa oli maalattiat. Rakennuksissa ei ollut lämmitystä talvellakaan. Opettajalla saattoi olla käytettävissään tuoli ja pöytä, opiskelijat istuivat lattialla oljilla. Tuolta ajalta on peräisin vieressä sijainneen kadun latinankielinen nimi "Vicus Stramini", "pahnakuja". Vielä nykyään löytyy Pariisin latinalaiskorttelissa kadunpätkä nimeltään Rue du Fouarre. Ennen 1300-lukua nimi oli muodossa Rue au Feurre, heinäkatu tai olkikatu.

Luennot alkoivat kello viiden tai kuuden aikaan aamuisin. Kahden tunnin jaksoissa opiskeltiin kolme kertaa päivässä. Luennot olivat suoraan klassisten kirjoittajien kirjoista. Koska opiskelijoilla ei ollut itsellään kirjoja käytettävissään, he tekivät luentojen pääkohdista muistiinpanoja.

Opiskelu yliopistoissa tapahtui latinan kielellä, jonka nuoret olivat jo oppineet katedraalikouluissa. Latina muodosti näin yhteisen sivistyskielen ja se mahdollisti jatkossa opiskelun missä tahansa yliopistossa ympäri Eurooppaa. Yliopistoon tultiin yleensä katedraalikoulun rehtorin lähettämänä ja mahdollisen suosituskirjeen kanssa jo 14-15 vuotiaana, joka vastasi nykyistä lukioikää.

## Alempi tutkinto

Opinnot alkoivat alemmilla, seitsemän vapaan taiteen, artes-opinnoilla; triviumin grammatiikka, retoriikka ja dialektiikka, sekä quadriviumin aritmetiikka, geometria astronomia ja musiikki.

Painopiste artes-opinnoissa oli myös Pariisin yliopiston alkuvaiheessa Chartresin tapaan opiskelijan kasvamisessa vapaaksi yksilöllisyydeksi, hyveellisyyteen itsenäisessä ajattelussa ja eettisyydessä. Toisin kuin Chartresissa, ei Pariisin yliopistossa enää suoritettu artes mechanicaeopintoja. Artes-opintojen suorittamiseen kului nuorella opiskelijalla noin kuusi vuotta, tutkinto oli nimeltään Baccalaureus Artium. Baccalaureus-nimitystä käytettiin muinaisessa Roomassa henkilöstä, jonka tehtävänä oli toimia varainhoitajana ja kirjanpitäjänä aristokraatille. Nykyisen kandidaatintutkinnon englanninkielinen vastine, Bachelor of Arts (BA) on muunnos baccalaureuksesta.

## Ylempi tutkinto

Baccalaureustutkinto antoi oikeuden hakeutua korkeampiin opintoihin, joita Pariisissa olivat teologia, oikeustiede ja myöhemmin myös lääketiede. Tutkinto oli nimeltään Magister Artium tai Doctor. Korkeampien opintojen suorittamiseen kului opiskelijalta toiset kuusi, jopa kaksitoista vuotta. Aluksi Pariisin yliopiston korkeammat opinnot olivat pelkästään teologisia, sillä yliopistoa ylläpiti katolinen kirkko ja sen intresseissä oli kouluttaa papistoa kirkon tehtäviin. Lakiopinnot käsittivät siksi pelkästään kirkollista, kanonista lakia. (Bolognan yliopisto Italiassa oli tunnettu erityisesti sen lainopillisista opinnoista. Ne olivat jo alunalkaen jakautuneet kanoniseen ja siviilioikeuteen.)

Lääketieteelliset opinnot alkoivat Pariisissa 1200-luvun loppupuolella. 1200-luvun lopun ja 1300-luvun Euroopassa Pariisin yliopisto sen sijaan vakiinnutti paikkansa teologisten opintojen arvovaltaisimpana tyyssijana ja siitä tuli merkittävin opinahjo kristillisessä teologiassa. Tunnetuimmat keskiaikaiset Paavit, piispat ja kirkkoisät ympäri Eurooppaa olivat saaneet koulutuksensa Pariisin yliopistossa.

Opiskelijat jakautuivat kansakuntiin, "nationes" (nyk. osakuntiin) kansallisuutensa mukaan. Kansakuntia oli Pariisin yliopistossa neljä; ranskalainen, normandialalinen, pikardialainen ja englantilainen, joka myöhemmin muuttui englantilais-saksalaiseksi kansakunnaksi. Kansakunnilla oli käytettävissään suppeita kirjastoja ja joitakin majoitustiloja. Muutama suomalainenkin opiskelija on aikanaan asustanut saksalaisessa kansakunnassa. Muutoin opiskelijat joutuivat hakemaan majoituksensa yksityismajoituksista.

Pariisissa opetuksen maksoi kirkko, mutta opiskelijat joutuivat suorittamaan yliopistolle merkittävän lukukausimaksun. Sen kuljettaminen kotimaasta, esimerkiksi Suomesta hevoskyydillä halki Euroopan, rosvojoukkoja viliseviä metsäteitä pitkin oli riskialtista puuhaa. Bolognassa taas opiskelijat maksoivat opetuksesta suoraan opettajille.

Voidakseen opettaa Eurooppalaisessa yliopistossa, tuli valmistuneella maisterilla olla opetuslupa "Licentia Docendi". Luvan saantia varten oli erillinen kuulustelu, joka hakijan tuli läpäistä, osoittaakseen pätevyytensä. Kuulustelijana toimi kirkkoa edustava yliopiston Kansleri, joka myös myönsi opetusluvan. Kansleri vaikutti näin opettajien nimityksiin ja hän myös valvoi tutkintoja. Yliopistojen alkuaikoina vallitsi kuitenkin tilanne, että se, jolla oli opetuslupa, saattoi kävellä mihin tahansa eurooppalaiseen yliopistoon ja ilmoittaa aloittavansa luennoinnin siitä ja siitä aiheesta. Jos oli opiskelijoita, jotka olivat kiinnostuneita kuulemaan häntä, hän saattoi jatkaa luennointiaan. Oli tavallaan opetuksen vapaus, mutta myös opiskelun vapaus. Katollisen kirkon halu vaikuttaa yliopisto-opetuksen sisältöihin kanslereittensa kautta rajoitti ennen pitkää näitä akateemisia vapauksia. Jos tätä rajoittavaa valtaa keskiajalla käytti kirkko, käytti sitä myöhemmin valtio, jonka edustajia kanslerit yliopistoissa olivat viime vuosikymmenille asti. (Vuodesta 2010 lähtien on yliopiston kanslerin nimittäminen Suomessa ollut yliopistojen käsissä).

Yliopiston johtajana toimi rehtori (rector), joka valittiin määräajaksi kerrallaan, yleensä maisterin tutkinnon suorittaneiden opiskelijoiden joukosta. Virkaa kierrätettiin vuoronperään kussakin kansakunnassa. Oli tilanteita, että vuorossa olleesta kansakunnasta ei löytynyt tehtävään kelpoista opiskelija, silloin virkaan piti valita kuka tahansa oli käytettävissä. Saattoi olla, että tuolloin vielä opintojensa loppusuoralla ollut rehtoriopiskelija reputti tutkinnossaan. Pariisin yliopistossa rehtorin valinnan suorittivat kansakuntien johtavat maisterit, prokuraattorit. Bolognassa rehtorin valinnan suorittivat opiskelijat itse. Suomalaisista opiskelijoista tiedetään ainakin Turun Piispan Olavi Maununpojan toimineen Pariisin yliopiston rehtorina opiskeluaikanaan vuoden 1435 joulukuusta vuoden 1436 maaliskuuhun.

Yliopistot olivat keskiajalla autonomisia siten, että niitä eivät koskeneet valtiolliset lait. Ne toimivat kirkollisten lakien ja saadösten alaisina ja tämä soi myös opiskelijoille saman autonomian. Kaupunkiväestön ja opiskelijoiden välille syntyi kuitenkin usein erimielisyyksiä ja riitoja, jotka johtivat tappeluihin ja joskus hengen menetyksiin. Virkavallalla ei ollut kuitenkaan oikeutta rangaista rikoksiin syyllistyneitä opiskelijoita, vaan ainoastaan toimittaa heidät kirkollisen oikeuden eteen.

1300-luvulle tultaessa artes-opinnot muuttuivat, ja muodostuivat lähes pelkästään Aristoteleen filosofian opiskelusta. Aristoteleen teosten tultua käännetyiksi kreikan ja arabiankielestä latinaksi 1200-luvulla, levisivät ne kulovalkean tavoin eurooppalaisen sivistyneistön parissa ja syrjäyttivät platoniset ja uus-platoniset opit kaikissa yliopistoissa. Platonismi hylättiin nyt toistamiseen ja sen tilalle nousevat Aristoteleen kirjoitukset logiikasta, etiikasta, fysiikasta, metafysiikasta, sielusta ja hengestä ym.

Aristoteleen pakanallisuudesta teki salonkikelpoisen katolisen kirkon piirissa etenkin Tuomas akvinolaisen perusteellinen työ, jossa hän muokkasi Aristoteleen antiikin ajan filosofian aikansa kristillisyyden kanssa yhteensopivaksi. Aristoteleen filosofinen ja luonnonfilosofinen sekä looginen ajattelu tuli näin intensiivisen tutkimuksen ja opiskelun kohteeksi ja nämä loivat pohjaa skolastiikan ja skolastisen opetus- ja opiskelumenetelmän kehittymiselle vastasyntyneissä yliopistoissa.

## Skolastiikka

Skolastiikka syntyi kristillisessä Euroopassa pyrkimyksenä sovittaa antiikin filosofia kristillisyyteen ja erityisesti Raamatun teksteihin. Skolastiikasta kehittyi näin menetelmä ajatella, ymmärtää ja oppia dialektisen päättelyn keinoin ja se muodosti keskiajan sivistyksen perustan. Sen tunnetuimman edustajan Tuomas Akvinolaisen oppisuuntana tunnetusta 'tomismista' muodostui yliopistoissa yleisesti käytetty opetus- ja opiskelumenetelmä.

Menetelmä koostui kahdesta osasta: Luennosta (lectio) ja väittelystä (disputaatio). Ne saattoivat toimia kahtena erillisenä lähestymistapana tai sitten niitä yhdistettiin jonkin kysymyksen selvittamiseen, joka yleensä poimittiin jonkin aikaisemman auktoriteetin teoksesta. Disputaatio eli väittely tapahtui joko opettajan ja opiskelijoiden välillä tai sitten opiskelijoiden välillä keskenään. Skolastisten luentojen ja väittelyiden alkuaikoina vaikutti vielä ikäänkuin jälkikaikuna antiikin platonismista polveutuva sokraattinen perinne – vapaa ja itselleen rehellinen ajattelu, tietty totuudellisuuteen pyrkivä ihanne. Siksi tutkittavaa kysymystä tai ongelmaa pyrittiin lähestymään laajasti ja perusteellisesti, huolehtien siitä, että sitä tarkasteltiin kaikista mahdollisista näkökulmista. Vastakkaiset näkemykset asiasta muodostivat pohjan tarkastelulle – teesin ja antiteesin, joista dialektisen päättelyn tuloksena rakennettiin synteesi, ymmärrys, joka toi vastakkaiset näkemykset yhdeksi mielekkääksi kokonaisuudeksi.

Kirkollisellla skolastiikalla ei ollut sen alkuaikoina suurempaa kiinnostusta luontoa koskeviin tieteellisiin kysymyksiin. Kuten monet muutkin kulttuuri-impulssit, myös tämä yliopistollinen opetusmenetelmä koki aikanaan jonkinlaisen dekadenssin ja rappeutui. Tutkimuskysymyksistä muodostui yhdentekeviä tai absurdeja ja ilmeisen mahdottomia ratkaistavaksi empiirisesti. Niillä oli sisältöä ainoastaan ajatusmahdollisuutena, kuten esimerkiksi kysymyksellä: 'kuinka monta enkeliä mahtuu istumaan nuppineulan kärjelle yhtä aikaa?'

Disputaatiot pian hukkasivat myös niiden aikaisemman sokraattisen totuudellisuuspyrkimyksen ja tilalle tuli jo antiikissa tunnettu sofistinen, toisen häikäisevä ylitsepuhuminen väittelytilanteen voittamiseksi totuudesta välittämättä.

Disputaatioista on kuitenkin usein unohdettu niiden ajattelun hyveelle alunperin kuulunut lähtökohta: Toisen ihmisen tarkoituksen ymmärtäminen. Synteesiä, yhteistä ymmärrystä asioista tai ongelmista en voi koskaan saavuttaa jos pelkästään keskityn saamaan vastapuolen omaksumaan oman näkemykseni asiassa. Siksi distputaatiot olivat alkuaikoina muotoa: (väittelijä) Näkemykseni on, että asia on näin ja näin ja näin. (Vastaväittelijä) Tarkoitatko siis, että noin ja noin ja noin? (Väittelijä) En, vaan tarkoitan, että näin ja näin ja näin. (Vastaväittelijä) Jos siis olen ymmärtänyt oikein tarkoitat, että näin ja näin ja noin. (Väittelijä) Vieläkään et ymmärtänyt minua oikein. Tarkoitin näin ja näin ja näin. (Vastaväittelijä) Sinä siis tarkoitit näin ja näin ja näin? (Väittelijä) KYLLÄ! Vasta kun vastaväittelijä oli saanut vastaukseksi tämän "kyllä", että hän oli ymmärtänyt väittelijän ajatuksen tämän tarkoittamassa merkityksessä, saattoi vastaväittelijä ilmaista oman vasta-argumenttinsa. Ja näin disputaatio jatkoi eteenpäin. Vasta tämä dialogin vastapuolen tarkoituksen ymmärtäminen asetti oman näkemykseni ja ymmärrykseni asiasta uuteen valoon ja pakotti arvioimaan sitä uudelleen toisen näkökulmasta – ja avasi tietä mahdolliselle näkökulmien synteesille.

## Paideia katoaa yliopistoista

Renessanssiajan humanismissa heräävät vielä kertaalleen eloon viimeiset antiikin hengenelämää kajastavat aatokset ennen niiden peittymistä tulevan tieteellisen kehityksen alle. Keskiaikaisen yliopiston opetussuunnitelmaan kuuluneet seitsemän vapaan taiteen opinnot olivat niitä, joita kutsun varsinaisiksi yleisopinnoiksi, studium generalia tai studium fundamentale. Näistä artes-opinnoista itsenäistyvät vähitellen eriytymällä ja moninaistumalla nykyaikana tuntemamme eri tieteenalojen korkeammat opinnot, triviumin opinnoista humanistiset tieteet ja quadriviumin opinnoista luonnontieteet. Uuden ajan alkuun tultaessa eurooppalaisen ihmisen kiinnostus luonnonilmiöitä kohtaan oli ajanut teologisten kysymysten ohi, ja siksi tieteellinen tutkimus ei enää voinut nojata perinteisille lähestymistavoille. Syntyi luonnontieteellinen vallankumous, jossa Kopernikus, Kepler, Galilei, Descartes ja Newton etunenässä määrittelivät tulevan kehityksen suunnan. Aristoteleen kvalitatiivinen filosofia hylättiin yliopistoissa spekulatiivisena. Luonnolla ei enää nähty olevan tarkoituksia ja päämääriä, joita Aristoteleen teleologinen filosofia ja fysiikka oli opettanut. Kopernikuksen aurinkokeskinen planeettakunta, Keplerin planeettalait, Galilein putoamisliike, Descartesin matemaattinen luonnontiede ja Newtonin mekaniikka määrittelivät nyt, mikä on todellisuutta. Ratkaisuksi osoittautui matemaattis-kvantitatiivinen menetelmä, jossa ajatellaan, että vain sen avulla saavutettu tieto on objektiivista ja eksaktia. Ihmisen kokemusmaailmassa ilmenevä fenomenaalinen, kvalitatiivinen sisältö ei ole varsinainen todellisuus. Se on ainoastaan biologis-psyykkisen rakenteemme meissä aikaansaamaa subjektiivista heijastusta tajunnallisuudessamme. Objektiivinen todellisuus on etsittävä aistimusten "takaa" luonnonlakien muodossa, jotka taas ovat ilmaistavissa matemaattisesti.

Tieteellinen tutkimus keskittyi siksi empiriaan, havaittavan, aineellisen todellisuuden tarkasteluun. Traditionaalinen kirkollinen hengenelämä uskonnollisuutena eroaa näin inhimillisestä tiedonpyrkimyksestä. Moraali ja eettisyys nähdään nyt kuuluvan subjektiivisen uskonelämän alueelle, kun taas tietäminen nähdään a-moraalisena, moraalista riippumattomana sielunelämän alueena. Jako toteutuu myös instituutioiden suhteen kun uskonelämästä huolehtiminen jää kirkon kannettavaksi ja tietäminen ja tieteet yliopistojen ja tieteellisten tutkimuslaitosten harteille.

Valistusajan filosofia 1700-luvulla johti lopulta syvenevään tarpeeseen kehittää tieteissä itsenäistä, erityisesti uskonnollisista dogmeista ja henkisistä uskomuksista vapaata ajattelua. Tieteellinen, materialistinen maailmankatsomus johti tekniikan vallankumoukseen ja teollistumisen aikaan, jolloin tiede saatettiin voimakkaasti talouselämän ja aineellisen hyvinvoinnin palvelukseen. Myös kasvatuksen ja koulutuksen piirissä heräsi tuolloin kysymys, tulisiko sekin rakentaa tieteelliselle maailmankatsomukselle ja erityisesti matemaattis-kvantitatiivisten tieteiden varaan? Ihmisen kasvu, kehitys ja oppimistapahtumakin tahdottiin ratkaista mitattavuuden ja kvantifioinnin ongelmana.

Tavallaan vastavoimana valistusajan materialistiselle tiedekäsitykselle syntyi 1800-luvun euroopassa tieteellisen ajattelun suuntaus nimeltään filosofinen antropologia eli filosofinen ihmistutkimus, jonka edustajat olivat filosofeja, taiteilijoita, luonnontieteilijöitä, kasvatus- ja kielitieteilijöitä sekä lääketieteen ja biologian edustajia jne. Kysymys ihmisen tajunnallisuuden ja henkisen kapasiteetin suhteesta kehon biologiaan ja aineelliseen tapahtumiseen nousi tässä lähestymistavassa uudelleen arvioitavaksi. Sellaisten kulttuuripersoonien, kuten Goethen, Schillerin, Alexander ja wilhelm von Humboldtin käymissä keskusteluissa syntyi myös idea korkeamman koulutuksen uudistamisesta. Syntyi sivistysyliopiston käsite, joka nykyään tunnetaan Wilhelm von Humboltin esittämässä alkumuodossaan. Se puolusti yksilön vapautta tietämisessä, joka ei tarkoittanut akateemista vapautta nykyaikaisessa mielessä, jossa opiskelijalla on lupa opiskella vapaasti valitsemiaan asioita, vaan sitä, että opiskelija tulee tunnustetuksi itsenäiseksi, vapaaksi ajattelijaksi opettajiensa taholta. Sivistysyliopisto sisälsi kuitenkin perinteisen antiikin kreikkalaisen ajatuksen; "Sivistys tieteen (tietämisen) kautta.", jonka asian muinaisessa muodossaan esitti runoilija Pindaros; "Genoi hoios essi mathon", "Tule siksi, mikä olet tietämisen kautta"

Sivistysyliopiston virike näivettyi kuitenkin nopeasti asiantuntijayliopistoksi, ja siitä kuulee puhuttavan vain juhlapuheissa. Yliopisto-opetuksessa on harvemmin kyse opiskelijan kehittymisestä itsenäiseksi, vapaaksi ajattelijaksi. Tämän päivän korkeimmissa opinnoissa on pikemminkin kyse hyväksytyn tieteellisen maailmankäsityksen omaksumisesta kaikissa yksityiskohdissaan ja juuri siihen johtavien menetelmien suvereeni hallinta.

Kaksi kamppailua on nähtävissä keskiajan jälkeisten yliopistojen opetuksessa: toisaalta ne pyrkivät olemaan yleissivistäviä – toisaalta niiden tehtävä nähdään rajoitetuksi ammatillisen tarkoitusperän mukaan. Toisaalta niissä esiintyy vaatimus opetuksen ja opiskelun vapauteen ja autonomisuuteen – toisaalta ne ovat alistettuja joko kirkon tai valtion taholta. Toisaalta pyritään avoimeen ja joustavaan opetuksellisen toiminnan mahdollistamiseen – toisaalta rakennetaan jähmettyneitä, byrokraattisia rakenteita toiminnan hallitsemiseksi keskitetysti.

Yksittäisiä pyrkimyksiä on löydettävissä Euroopan historiassa uudistaa kasvatusta ja koulutusta antiikin ihanteiden mukaisesti. Sellaisiksi voidaan laskea mm. Firenzen akatemia, jonka edustajat perustivat uusplatonisen koulun Italiaan 1400-luvulla ja , jolla oli merkittävä vaikutus sivistyneistön ajatteluun renessanssiajan Italiassa. Eräs koulun myöhemmistä edustajista Giovanni Pico della Mirandola (1463-1494) tunnetaan erityisesti hänen ihmisen arvokkuutta koskevasta julistuksestaan.

Vielä oman aikamme kasvatustieteen opinnoissa mainitaan teologi ja pedagogi Jan Amos Comenius (1592-1670), joka on tunnettu pansofiastaan ja pääteoksestaan Didactica Magna, Suuri Opetusoppi. Tämä teos on käännetty myös suomeksi ja kuuluu edelleen kasvatuksen historian luetuimpiin oppikirjoihin. Toisaalta Comeniuksen ajattelulle on löydetty yhtymäkohtia myös uudempiin kasvatuksen ja koulutuksen polttaviin kysymyksiin. Comenius ehdotti, että kaikille ihmisille tulisi kuulua sama kasvatus. Taustalla on eräänlainen tasa-arvon ajatus, jossa samanlaisesta kasvatuksesta kaikille olisi seurauksena maailman rauha, kaikkien saadessa samanlaiset tiedolliset, kulttuuriset ja sosiaaliset eväät elämää varten.

Comenius varoitti Aristoteleen tapaan jättämästä vastuuta kasvatuksesta hallitsijoille ja valtaapitäville, sillä näitä ohjaavat usein monenlaiset itsekkäät, valtaan ja henkilökohtaisiin etuoikeuksiin pyrkivät motiivit. Comenius ehdotti, että ihmisten kasvatuksesta tulisi vastata eräänlainen "valaistuneiden kollegio", "Collegium Lucis", jonka asiantuntijuuden pohjalta tapahtuisi kaikki kasvatuksen ja koulutuksen suunnittelu ja toteutus. Comeniuksen ehdotus on saanut vain vähän hyväksyntää valtaapitävien taholta.

## Sivistys Suomessa – Turun Akatemia

Kasvatus- ja sivistystyö keskiajalla tapahtui Suomessa kuten muuallakin Euroopassa paljolti kirkon toimesta. Jo Ruotsin vallan ajalla oli kansalle järjestetty 'lukusia' eli lukukinkereitä kiertävien pappien toimesta. Ammatillisesta koulutuksesta vastasivat perinteiseen tapaan erilaisten käsityöläisten ammattikillat.

1800-luvun alussa Suomessa oli katedraalikoulut Turussa ja Viipurissa. Opetuskielenä oli näissäkin latina, joten myös edistyneimmillä suomalaisilla nuorilla oli mahdollisuus opiskella Euroopan parhaissa yliopistoissa. Usein nämä olivat aatelien tai kirkonmiesten jälkeläisiä, joiden perheiden varakkuus mahdollisti opiskelun ulkomailla. Myös vaatimattomammista oloista tiedetään opiskeljoita lähteneen eurooppalaisiin yliopistoihin, esimerkiksi Turun piispaksi ja uuden testamentin suomentajaksi noussut Mikael Agricola, joka opiskeli Wittenbergin yliopistossa.

Ensimmäinen suomalainen yliopisto Turun Akatemia, Åbo akademi, perustettiin vuonna 1640. 1800-luvun alussa sillä oli kyseenalainen maine. Suomen suuriruhtinaskunta oli perustettu 1809 ja suhde uuteen isäntään Venäjään oli kaksijakoinen. Muutama maisteri oli Turun akatemiassa erotettu kieli- ja kansallisuuskysymysten johdosta. Tappelut ylioppilaiden ja kaupungin kisällien välillä olivat tavanomaisia, eivätkä ne aina jääneet nyrkkitappeluiden tasolle. Viikon opetusta oli yleensä työlästä aloitella, kun opettajat joutuivat noutamaan krapulaisia ja piestyjä opiskelijoita putkasta viikonlopun juhlinnan jäljiltä.

1820-luvun alussa Akatemiassa opiskeli noin 400 opiskelijaa. Opetustiloina toimivat muutamat puurakennukset Aurajoen varrella. Turun suuren palon jälkeen vuonna 1830, yliopisto siirtyi Helsinkiin.

Vuoden 1822 syksyllä Turun Akatemiaan kirjautui kolme nuorukaista, joista oli tuleva merkittäviä henkilöitä Suomen kulttuuri- ja valtioelämän kehittymiselle; Johan Vilhelm Snellman, Johan Ludvig Runeberg ja Elias Lönnrot.

Myös Turun Akatemiassa opiskeltiin yleisopintoja ennen korkeampia opintoja. Turussa niitä kutsuttiin luonnonfilosofian opinnoiksi, ja tiedekunta, jossa niitä opiskeltiin oli filosofinen tiedekunta.

Keskiaikaisista triviumin opinnoista oli nyt tullut humanistisia opintoja, kuten kirjallisuus ja kielioppi, historia, filosofia, logiikka ja psykologia sekä vieraiden kielten opiskelu. Quadriviumin opinnot olivat kehittyneet ja moninaistuneet luonnontieteiden opinnoiksi, kuten astronomia, fysiikka, kemia, maantiede, geologia,eläintiede, kasvitiede jne.

Tutkinto, joka suoritettiin filosofisessa tiedekunnassa oli filosofian kandidaatin tutkinto. Elias Lönnrot valmistui filosofian kandidaatiksi vuonna 1827 arvosanalla yhdessätoista aineessa. Samana vuonna 1827 valmistui Johan Runeberg. Snellman suoritti kandidaatin tutkinnon vasta vuonna 1831, kertoen syyksi sen, että oli hidas ja kovapäinen uusien asioiden oppimisessa.

Valmistuvan kandidaatin oli mahdollista osallistua juhlalliseen promootioon, joskin niitä ei järjestetty jokaisena vuotena. Osallistuminen merkitsi kuitenkin opiskelijalle rahallista panostusta ja juhlaillallisen kustantamista juhlavieraille ja akatemian professoreille. Sattumalta juuri kyseisenä vuonna 1827 promootio järjestettiin. Kellään kolmesta opiskelijasta ei kuitenkaan olisi ollut varoja maksaa promootiosta aiheutuvia kuluja ja niinpä päätettiin yhdessä järjestää Runebergille mahdollisuus osallistua juhliin keräämällä kolehti ja hankkimalla hänelle uusi takki, polvihousut sekä sukat ja kengät. Promovoitu kandidaatti saattoi käyttää arvonimeä Doctor Philosophiae ac Artium Liberalium Magister. Tämä arvonimi oli jäänyt jäljelle alkuperäisten yliopistojen seitsemän vapaan taiteen opinnoista ja antiikin paideia-ihanteesta.

Lönnrotista kerrotaan, että hän ujona ja vaatimattomana ihmisenä jätti promootion väliin. Hän ei välittänyt arvonimistä ja vain vaivautui kaikista kunnianosoituksista, joita kyllä myöhemmällä iällään joutui vastaanottamaan useammankin kerran.

Kandidaatin opintojen jälkeen kaikki kolme jatkoivat korkeampia opintoja Helsingissä, jonne yliopisto oli siirtynyt Turun palon jälkeen. Runeberg sai kaunokirjallisuuden professorin arvon vuonna 1844. Lönnrot valmistui lääketieteen ja kirurgian tohtoriksi väitöskirjallaan Om finnarnes magiska medicin vuonna 1833. Runonkeruumatkojensa tuloksena Lönnrot sai vuonna 1835 valmiiksi kokoamansa ensimmäisen suomalaisen kansalliseepoksen eli Vanhan Kalevalan. Nykymuodossaan painettu Uusi Kalevala ilmestyi vuonna 1849. Vuodesta 1854 hän toimi Helsingin yliopiston toisena Suomenkielen ja kirjallisuuden professorina. Snellman taas väitteli filosofian tohtoriksi Hegelin filosofiasta vuonna 1835. Myös Snellman sai siveysopin professorin arvon ja hänestä tuli senaattori ja valtiomies.

## Moderni aika ja tiedeyliopistot

1900-luvulla syntyivät Euroopassa kansalliset massayliopistot, joissa opetuksen sisältöinä olivat eri tieteenalojen viimeisimmät tulokset. Yleisopinnot olivat hävinneet opetusohjelmista, samoin eri tieteenalojen historia. Tilalle olivat tulleet ammatilliset koulutusohjelmat, joiden päälimmäisenä tarkoituksena oli (valitettavan) usein tuottaa osaajia talous- ja tuotantoelämän tarpeisiin. Suomessa tämän kehityksen seurauksena toteutettiin vuonna 1980 tutkinnonuudistus, jossa korkeakoulutuksen yhteiskunnalliset kytkökset nousivat ensisijaisiksi tavoitteiksi. Pyrittiin sellaisen koulutuskäytännön luomiseen, jossa tieteellistä tietoa opitaan soveltamaan ammattikäytännössä. Tämä ymmärrettiin yhtenä tärkeimpänä tulevaisuuden korkeakoulupedagogisena tehtävänä.[9]

Talous- ja tuotantoelämän palvelukseen valjastettu yliopistokoulutus sai myös kritiikkiä osakseen. Tampereen yliopiston ammattikasvatuksen professori Tapio Varis kirjoittii Tiedepolitiikka-lehdessä 2/2004: "Kokonaisvaltaiseen ihmiskäsitykseen perustuvaa yliopistoa ei ole ollut vuosikymmeniin. Opetus on pirstaloitunut yli neljälletuhannelle kapeallle tieteellisen huippuosaamisen alalle. Kokonaisvaltaisella ihmisellä on tieteen ja teknologian ohella hallussaan myös taide ja uskonto. Tähän kokonaisvaltaisen ihmiskäsityksen haasteeseen ei yliopisto pysty vastaamaan."

Filosofi Karl Jaspers toteaa kirjoituksessaan yliopiston ideasta, Die Idee des Universität vuodelta 1946, että yliopisto on tutkijoiden ja opiskelijoiden yhteisö, joka etsii totuutta. Sen edellytys on vapaus ulkopuolisesta säätelystä. Opiskelijoiden täytyy olla itsenäisiä, itsevastuullisia ja opettajiaan kriittisesti seuraavia ajattelijoita oppimisen vapaudessa,

9 Opetusministeriön korkeakoulu- ja tiedeosaston päällikkö Mikko Niemi; Tutkinnonuudistuksen kaksi aaltoa. PDF-tiedosto sivustolla Journal.fi

kuten opettajilla on opettamisen vapaus. Pelkkä tietojen omaksuminen ei riitä totuuden tavoittamiseen. Totuuden lähestyminen edellyttää koko ihmisen henkistä kehitystä, sivistymistä.

Jaspers Kirjoittaa:

> "Koska totuutta on etsittävä tieteen avulla, on tutkimus yliopiston perustava tehtävä. Koska totuus on kuitenkin enemmän kuin tiede, ja koska totuutta voidaan ymmärtää ihmisen moninaisen olemisen avulla - kutsukaamme sitä sitten hengeksi, eksistenssiksi tai järjeksi, silloin on persoonallisuuden vakavuus yliopistoelämän edellytys. Koska taas totuutta on välitettävä eteenpäin, on opetus toinen yliopiston tehtävistä. Pelkkä tietojen ja kykyjen välittäminen on totuuden tavoittamiseksi kuitenkin riittämätöntä, ja se pikemminkin edellyttää koko ihmisen henkistä muotoamista, siksi muodostuu kaiken opetuksen ja tutkimuksen tarkoitukseksi sivistyminen (Bildung), kasvatus."

Yliopistolaitoksen historiallinen kehitys osoittaa, että yleissivistävät opinnot olivat häviämässä. Nykyään vielä puhutaan yleissivistävästä koulusta. Mutta onko sellaistakaan enää olemassa? Eikö pikemminkin ole niin, että koulusta on tullut valmistava opinahjo korkeampia yliopistollisia opntoja varten? Korkeammat, "oikeat" opinnot ovat ajan kuluessa varhaistuneet ja ajaneet yleissivistäviä opintoja yhä alemmille koulutusasteille.

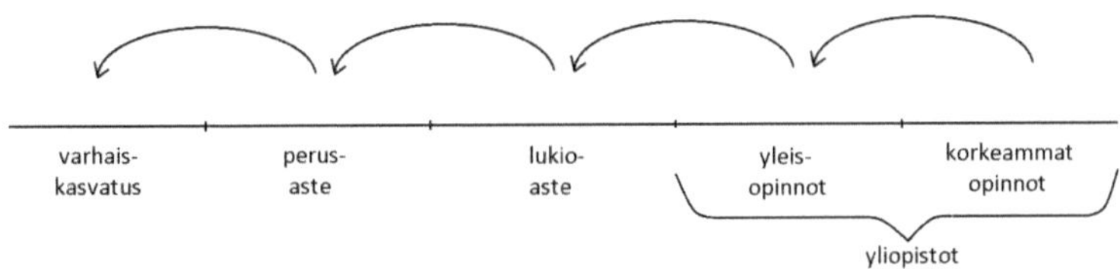


Varhaistamista perustellaan sillä, että korkeammat opinnot ovat tulleet sisältämään niin paljon opiskeltavaa asiaa, että niiden omaksumiseksi tarvitaan valmistautumista jo alemmilla koulutusasteilla. Muuten eivät opiskelijat yksinkertaisesti ehdi omaksua kaikkea kohtuullisessa ajassa.

Laadunarviointifilosofian saapuessa Euroopan korkeampaan koulutukseen Bolognan prosessin myötä vuonna 1999, oli sen tarkoituksena yhtenäistää eurooppalaisten yliopistojen koulutus, ottaa käyttöön opiskelijoiden arvosanojen osalta vertailukelpoinen järjestelmä ja mahdollistaa opiskelijoiden vapaa liikkuvuus eri yliopistojen välillä Euroopan sisällä. Yliopistojen edellytettiin osallistuvan säännölliseen viranomaisten toteuttamaan ulkopuoliseen laadunarviointiin sekä suorittavan myös itsenäistä, oman toimintansa laadun arviointia ja kehittämistä – itsearviointia.

Laadunarvioinnin ideat lanseerattiin koulutusajatteluun suoraan teollisuuslaitosten tuottamien tavaroiden tasalaatuisuuden varmistamiseksi kehitetyistä menetelmistä. Valmistettavien tuotteiden piti jokaisen täyttää samat korkeat laatuvaatimukset tiettyjen toleranssien rajoissa. Koulutuksen puolella tämä tarkoitti, että laadunarvioinnista tuli 'opiskelijamateriaalin' laadunvarmistusta, jokaisesta yliopistosta tuli valmistua samanlaisia "tuotteita". Persoonallisuuden kehityksestä ei enää ollut kyse, vaan opiskelijan tietojen ja taitojen yhdenmukaistamisesta yhden ja yhdenmukaisen tieteen pohjalta. Oli luotu Comeniuksen ehdottama "sama opetus kaikille"-tilanne koko Eurooppaan ilman "valaistuneiden kollegiota". Kollegion asemaa hoiti tässä uudessa järjestelmässä globaali markkinatalous, jonka lauluja kaikki kansallisvaltiot käytännössä lauloivat.

Laadunarviointimenetelmät ovat edelleen kehittyneet digitaaliaikakauden laadunvarmistusmenetelmiksi hankkeissa kuten Evidence Based Science and Research – näyttöön perustuva tiede ja tutkimus. Tämä on käytännössä tutkijoiden ja kehittäjien käyttöön tarkoitettu tilastollinen, tietokannoiksi rakennettu laadukkaiden tutkimusten rankingjärjestelmä, jossa tutkimukselta edellytetään tieteellistä näyttöä, jotta se olisi hyväksyttävissä laadukkaana tutkimuksena. Tieteellisellä näytöllä tässä tarkoitetaan matemaattis-kvantitatiivista näyttöä, jolloin kaikki kvalitatiiviset tutkimukset rankataan vähempiarvoisiksi.

Humanistisen alan tutkimukset sijoittuvat yleensä näissä tietokannoissa luonnontieteellisten, matemaattis-kvantitatiivisten tutkimusten alapuolelle ja saavat vähemmän painoarvoa. Myös kasvatuksen ja koulutuksen piirissä Evidence Based Science valtasi alaa. Ihmisen kehitystä ja kasvua sekä oppimistapahtumaa kokonaisvaltaisesti tarkastelevat kvalitatiiviset tutkimukset tulevat silloin sivuutetuksi merkityksettöminä. Jäljelle jää kysymys tarvitsemmeko enää perinteisiä yleisopintoja? Onko antiikin paideialla enää mitään annettavaa nykyajalle?

## Snellman-korkeakoulun yleisopinnot

Snellman-korkeakoulun kasvatusfilosofisen ajattelun taustalla voidaan nähdä kaksi merkittävää vaikuttajaa: suomalainen kansallisfilosofi Johan Vilhelm Snellman sekä itävaltalainen filosofi ja antroposofisen hengentieteen kehittäjä Rudolf Steiner. Molemmat korostivat vapaan ja itsenäisen, itsensä varassa seisovan yksilöllisyyden kehittymisen merkitystä kasvatuksen päämääränä. Molemmille oli keskeistä ajatus, että yliopiston ja korkeakoulun tehtävä nousee itse ihmiskäsityksestä sekä inhimillisen tiedon luonteesta.

Ihmiskäsitys tässä katsannossa myötäilee jo Platonin kohdalla käsittelemäämme. Ihminen on ruumis (kehollisuus), sielu (tajunnallisuus) sekä henki (itsetajunta). Jos ymmärrämme ihmisen todellisuuden näin, on vain loogista, että kasvatuksessa ja koulutuksessa on huolehdittava kaikkien kolmen alueen tai inhimillisen olemuspuolen kehityksestä tasapuolisesti. Olemuspuolten kolmijakoa vastaa silloin tuttu sielunelämän kolmijako ajattelun, tuntemisen ja tahdonelämän laatuihin. Opiskelu on kaikilla koulutusten asteilla hyveiden kehittämistä yllä mainituilla alueilla kullekin koulutustasolle sopivalla tavalla.

Rudolf Steinerin mukaan korkeakouluopinnot tulisi aloittaa kaksivuotisilla yleisopinnoilla, joissa kysytään ihmisen olemuksen merkityksen ja tehtävän perään. Yleisopintojen tarkoituksena on herättää opiskelijassa pohdintaa omasta ihmiskäsityksestään ja saada aikaiseksi tämän pohdinnan tuloksena omakohtainen ihmiseksi tulemisen päätös: Mikä on minun ihmiskäsitykseni? Minkä ihmiskäsityksen mukaisesti minä tahdon tulla siksi, joka olen?

Ulkomaisena esikuvana Snellman-korkeakoulun opetuksen suunnittelussa toimi professori Wileniuksen mukaan Saksassa Wittenin kaupunkiin perustettu yksityinen Witten-Herdecke yliopisto sekä hollantilainen Vrije Hochschule (nyk. Vrije Universiteit Amsterdam). Wittenissä toimi entuudestaan kunnallinen, Saksan suurin antroposofinen sairaala, joka tarjosi tiloissaan lääketieteellistä koulutusta ja, jonka johtavat lääkärit päättivät perustaa yliopiston, josta voisi valmistua akateemisesti koulutettuja ihmisiä. Tarkoitus oli, että näillä tulisi olla takanaan laaja-alainen, tieteellis-taiteellinen koulutusohjelma, jonka keskeisenä didaktisena päämääränä oli opiskelijan persoonallisuuden kehitys. Tätä tarkoitusta varten Witten-Herdeckeen suunniteltiin ammatillisten koulutusohjelmien sisään yleisopintoja, studium fundamentale (stufu), joissa opiskelijat harjoittivat sellaisia yleisinhimillisiä kykyjä ja taitoja, jotka ovat tarpeellisia elämän eteen tuomissa haasteissa. Kapea-alainen tieteellinen tai ammatillinen koulutus ei riitä, vaan kasvaakseen tasapainoiseksi yksilöksi ihminen tarvitsee inhimillisten kykyjensä kaikenpuolista harjoitusta, kuten kriittistä ajattelua, itsevastuullisuutta, empaattisuutta, sosiaalisia taitoja ja joustavuutta.

Yleisopintoja opiskellaan Witten-Herdecke yliopistossa koko ammatillisen koulutusohjelman ajan jokaisena torstaina, jolloin opiskelija voi vapaasti valita itselle sopivimmmat aiheet noin sadasta erilaisesta studium fundamentalen ohjelmasta.

Virallisen yliopistollisen aseman Saksassa Witten-Herdecke yliopisto sai vuonna 1983. Sille on myönnetty useana vuotena Saksan parhaan yliopiston tunnustus.

Snellman-korkeakoulu aloitti toimintansa vuonna 1980 ja se sai virallisen aseman vuonna 2002, jolloin Eduskunta sääti sille kohdan laissa Vapaasta Sivistystyöstä.

## Uusien yleisopintojen aika

Aivan kuten Platon aikanaan muovasi Akatemiansa rakentaen aikaisempien filosofien ajattelun pohjalle, ja aivan kuten Chartresissa ja Pariisissa rakennettiin Platonin filosofian pohjalle soveltaen sen parhaita puolia keskiajan ihmiselle sopivalla tavalla, aivan samoin Snellman-korkeakoulussa noudetaan paideian ihanteesta sen parhaita, nykyajan ihmiselle sopivia piirteitä, soveltaen niitä aikamme erityisten kasvatuksellisten ja koulutuksellisten haasteiden vaatimalla tavalla. "Tie tulevaisuuteen kulkee menneisyyden kautta" totesi Snellman.

Γνῶθι Σεαυτόν

(Gnothi Seauton)

Aivan kuten muinaisen Delfoin Apollo-temppelin portaalissa kehoitettiin: "Gnothi Seauton" "Ihminen tiedosta itsesi!", samoin kaikuu

Snellman-korkeakoulun yleisopinnoissa kehoitus itsetuntemukseen. 'Tule siksi, mikä olet!'. Vasta tämän 'ihmiseksi tulemisen päätöksen' jälkeen tulevat kysymykseen 'korkeammat' ammatilliset opinnot, esimerkiksi opettajaksi opiskelemisen päätös. Se minkälaiseen ihmiskäsitykseen olen omalla kohdallani päätynyt, ratkaisee sen minkälaisen ihmiskäsityksen pohjalta tahdon opiskella opettajaksi.

Korkeammissa tai ammatillisissa opinnoissa tulisi opiskelijan jo jossakin määrin olla selvillä siitä, miten hän ymmärtää ihmisenä olemisen ja itsensä. Ihmisen asialla työskentelevän opettajan ammatissa tämä on ilmeistä. Työmme on kuitenkin aina tavalla tai toisella toimimista ihmisyhteisössä tai ihmisyhteisön, ja miksei myös luonnon hyväksi. Siksi ihmisenä olemisen ymmärtäminen on meille kaikille ensiarvoisen tärkeää, ja sen opiskelu luonnollinen osa ihmiseksi kasvamista. Ammatillisissa opinnoissa, esimerkiksi insinöörikoulutuksessa ei Steinerin mukaan ole kuitenkaan enää tarkoitus pohtia kysymystä ihmisen perimmäisestä olemuksesta, vaan opintojen on siinä vaiheessa jo keskityttävä vaikkapa koneoppiin.

Snellman-korkeakoulun yleisopinnoissa toteutuvat uudet seitsemän vapaata taidetta, nyt nykyihmiselle sopivassa muodossa. Myös ne muodostavat "portaalin", jonka kautta opiskelija astuu korkeampiin opintoihin kehoituksen kera: "Tiedosta itsesi!" Opiskelumetodina käytetään fenomenologista, ilmiökeskeistä lähestymistapaa. (ks. Markku Niinivirta; Fronesis opettajankoulutuksen taustafilosofiassa, 2017 sekä Raimo Rask: Fenomenologia tutkimuksen ja opetuksen lähtökohtana Snellman-korkeakoulussa, 2003[10]

10 Teoksen laajennettu painos on ilmestynyt vuonna 2025 nimellä Fenomenologia steinerpedagogisessa opettajankoulutuksessa.

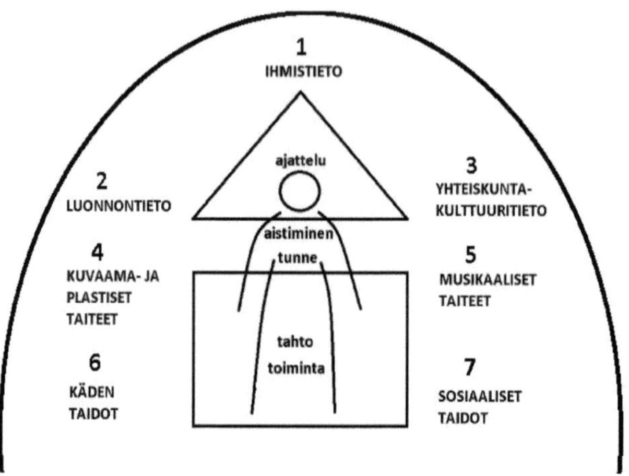


Snellman-korkeakoulun yleisopinnot – "seitsemän vapaan taiteen" opinnot.

Näin on ymmärrettävissä, että Snellman-korkeakoulun kasvatusfilosofian juuret ulottuvat kauas antiikin paideia-ihanteeseen sekä sen kaikuna keskiajalla elpyneisiin perenniaalisiin yliopistollisiin artes-opintoihin, varsinaisiin ja alkuperäisiin yleisopintoihin. Yleisopintojen kohdalla puhutaan *kokonaisvaltaisesta opiskelusta*, jossa tiedollisten, taiteellisten ja sosiaalis-käytännöllisten opintojen avulla pyritään huolehtimaan siitä, että ihminen kokonaisuudessaan osallistuu oppimistapahtumaan. Kaikilla kolmella alueella fenomenologinen asenne syntyy siitä, että asioita lähestytään ilmiökeskeisesti, siten kuin ne ilmenevät ihmisen kokemusmaailmassa.

Opintojen keskeinen tavoite yksilön kannalta on elävän, muuntumiskykyisen ja itsenäisen ajattelun, aistimisen herkkyyden sekä ilmiöiden ehdoilla tapahtuvan tutkivan asenteen kehittyminen. Pyrkimyksenä on saattaa opiskelija tietoiseksi tajunnan intentionaalisesta perusluonteesta sekä omasta ajattelusta vapaana, sisäisenä ja itseensä pohjaavana ymmärtämistä rakentavana toimintana. Esteettinen ja eettinen nähdään yksilön kokemusmaailman kokonaisuuden ja siten myös oppimistapahtuman keskeisinä tekijöinä.

## Tiedolliset opinnot

Tiedollisissa opinnoissa korostetaan oman itsenäisen ajattelun kehittämistä. Opintokokonaisuuksien tiedollisen aineiston omaksumisen ohella (tiedon tradition osuus) korostetaan omien käsitysten muodostamista annetusta opintosisällöstä.

Tietämisessä ei ole kyse pelkästään tosiasioiden oppimisesta. Ajatuselämän keskeisenä ominaisuutena voidaan nähdä tahto totuudellisuuteen. Tämä on eräänlaista eettisyyden ilmenemistä ajattelussa. Voidaan myös puhua ajattelun sivistyksestä.

Tiedolliset opinnot koostuvat yleissivistävien ja aineopintojen eri osa-alueita käsittelevistä, jaksoissa tapahtuvista luennoista, niistä käytävistä keskusteluista, opiskelijoiden oman ajattelunsa pohjalta laatimista jakso- tai kirjallisuusselosteista sekä tutkielmista ja tutkimuksista ja seminaarityylisestä pienryhmätyöskentelystä.

## Taiteelliset opinnot

Taiteellisten opintojen tehtävä yleisopinnoissa on herkistää ja täsmentää opiskelijan aistimista sekä vahvistaa luonnon ja ihmisen myötäelämistä, ylipäänsä kokemuksellisuutta. Taiteellisuus on aistimisen, tunteen ja mielikuvituksen sivistystä. Kyse ei ole pelkästään taiteen tekemisen edellyttämien teknisten kykyjen hankkimisesta vaan esteettisyyden rakentamisesta osaksi sielunelämän kokonaisuutta. Taideopintoja harjoitetaan esimerkiksi piirtämisen, maalauksen ja muovailun, laulun ja musiikin, puheen ja draaman sekä eurytmian alueilla.

Koska kvalitatiivisen tutkimus edellyttää maailman laadullisuuksien tajua, edellä mainittua mahdollisuutta kokea laadullisuuksia, saa taide Snellman-korkeakoulun yleisopinnoissa myös tiedostavan tehtävän.

Taide toimii silloin tutkimuksen menetelmänä. Erityisesti Snellman-korkeakoulun opettajat Ove Ek ja Kari Järvinen ovat luonnontarkastelujaksoissaan kehittäneet tätä taiteellisen työskentelyn tutkivaa aspektia.

Ek toteaa, että tässä opetusmenetelmässä on kyse havainnonteon aktivoimisesta, havaintoyhteyksiä hahmottavan ajattelun kehittämisestä sekä itsereflektoinnista osana tietotapahtumaa objektin mukaisen tiedon tavoittamiseksi. Perusedellytys on, että kohdetta lähestytään aisti-ilmiönä, ja että sitä myös tarkastellaan siinä ilmiöyhteyskentässä, johon se liittyy.[11]

Taiteellisilla harjoituksilla on opiskelijan aistiorgaanien toimintaa aktivoiva ja elävöittävä tehtävä. Taide ei ole pelkkä viihdettä tarjoava kulttuurin sivujuonne. Se lienee ainoa alue kulttuurissamme, joka varsinaisesti kantaa pedagogista vastuuta ihmisen aistien kehityksestä. Moderni aivofysiologia on osoittanut, miten suuri merkitys esimerkiksi erilaisten motoristen toimintojen tai aistimuskokemusten toistamisella yhä uudelleen on aivoissa muodostuvien hermosolujen ja niiden välisten, ns. assosiatiivisten ratojen muodostumisessa.[12] Kaiken varhaislapsuuden pedagogiikan tulisi erityisesti kiinnittää huomiota tähän taiteellisen toiminnan ja neurofysiologisen kehityksen väliseen vuorovaikutukseen.

Aistiminen, havaitseminen on tiedostamistapahtuman toinen tieto-opillinen osatekijä aristotelisessa mielessä, ajattelu, käsitteenmuodostus toinen. Siksi on mahdollista nähdä taiteellinen toiminta aistimisen ja havaitsemisen harjoituskenttänä yhteydessä objektiivisen tiedon muodostumiseen. Ilmiömaailman aistiminen, aistimusten työstäminen (esimerkiksi maalaamalla), töiden verbaalinen tarkastelu ja pyrkimys työstetyn aineksen ymmärtämiseen avaavat opiskelijalle tiedostamistapahtuman osatekijät koettaviksi sellaisella uudella ja elämyksellisellä tavalla, joka ei olisi saavutettavissa pelkän teoreettisen opiskelun myötä. Erona perinteiseen empiiriseen luonnontutkimukseen on se, että taiteellinen tarkastelu ei riisu luonnonilmiöistä niiden kvalitatiivista ulottuvuutta. Ja se säilyttää edelleen kvantitatiivisen tarkastelun mahdollisuuden.

---

11 Ove Ek, artikkeli: Luonnonhavainnointi – Havainnointiin perustuva tutkiva, tietoa tuottava opetusmenetelmä, 2002

12 Ks. esimerkiksi J. Eccles: How the Self Controls Its Brain, 1994

# Sosiaalis-käytännölliset opinnot

Sosiaalis-käytännöllisten opintojen tarkoituksena on inhimillisen tahdonelämän herättäminen, itsekasvatuksen ja harjoittelun merkityksen tavoittaminen ja soveltaminen sosiaalisessa elämässä. Käytännöllinen ja sosiaalinen tahto (eettisyys) on inhimillisen sielunelämän realiteettina harjoitettava ominaisuus siinä, missä muutkin inhimilliset kyvyt.

Erilaiset käden taitoja kehittävät toiminnat, joita toteutetaan mm. pajatyöskentelyn muodossa – perinteiset käsityöt sekä savi-, puu-, lasihuovutus- ja kirjansidontapajat ym. – kuuluvat tähän kokonaisuuteen.

Yksilöllisten käden taitojen lisäksi on ihmisen tahdonelämän kehittymisellä merkitystä myös yhteisöllisellä, sosiaalisella alueella. Opintojen keskeisenä piirteenä voidaan pitää yhteisönmuodostusta; vastuun kantamista ja toisaalta osallistumista korkeakoulun hallinnon ja käytännön toiminnan suunnitteluun ja toteuttamiseen.

Opinnoissa harjoitellaan siten samaa yhteisvastuullisuuden kollegiaalista periaatetta, jota steinerkoulujen ja -päiväkotien opettajakunnat toteuttavat omissa työyhteisöissään ja jolle myös Snellman-korkeakoulun pedagoginen ja hallinnollinen työskentely perustuu. Sosiaalisen tahdon (tältä osalta eettisyyden) opiskelu muodostuu siten osaksi Snellman-korkeakoulun yleisopintojen arvokasvatusta.

Ihmisarvo liittyy keskeisesti käsitykseemme ihmisen perimmäisestä olemuksesta. Luonnontieteellinen käsitys ihmisestä pelkistää ihmisarvon luonnonarvon tasolle, jolloin ihminen on parhaimmillaan yksi arvokas luonnonobjekti muiden luonnonobjektien rinnalla. Pahimmassa tapauksessa hänet nähdään luonnon voimavarana, jolla on käyttöä esimerkiksi talouselämän resurssina.

Ihmistutkimuksen näkökulmasta ihmisarvoon liittyy myös henkisyyden idea. Henkisyys on ihmisen ominaispiirteenä arvo sinänsä. Henkisyys määritellään silloin ihmiselle tyypillisenä tajunnallisuuden erityispiirteenä – itsetajuntana. Wilenius lisää tähän henkisyyden käsitteeseen vielä arvotajunnan.[13] Sen kehitys myötäilee ihmisen yleistä kult-

13 Wilenius, 2002, s. 83.

tuurikehitystä. Wilenius toteaa:

> "Jo antiikin filosofiassa kohtaamme kolme henkistä perusarvoa, toden, kauniin ja hyvän arvot. Näiden rinnalle nousee keskiajalla pyhän arvo, uudella ajalla ihmisarvo ja 1900-luvun lopulla luonnon arvo." [14]

Yleisopintojen sosiaalis-käytännöllisten opintojen tarkoituksena on luoda käytännön elämän harjoitteita, joissa opiskelijan arkisen tai psykologisen minän rinnalle voi rakentua henkisten arvojen kehityksen myötä eräänlainen korkeampi tai henkinen minä, josta Wilenius käyttää nimitystä "arvominä".[15] Tämän arvominän syntymistä ja kehittymistä ihmisessä voidaan kutsua Snellmanin sanoin *henkiseksi kasvuksi*.

* * *

Snellman-korkeakoulun perustajajäsenen, filosofian prodfessori Reijo Wileniuksen mukaan yleisopintojen tarkoitus on edistää korkeakoultuksen tasolla opiskelijan persoonalllisuuden kehitystä, ihmistymisen prosessia ja tietoiseksi tulemista itsestään, omista voimistaan, kyvyistään, inspiraation lähteistään, työstään ja tehtävästään elämässä, sekä edistää vastuullisuutta toisista ihmisistä, ympäristöstä ja maailmasta (ammattiin ja yhteiskuntaan kasvu).

Kokonaisvaltaisten opintojen toteuttaminen Snellman-korkeakoulussa runsaan neljänkymmenen vuoden aikana on tuonut mukanaan hyviä kokemuksia sekä yleissivistävissä että ammatillisissa opinnoissa. Snellman-korkeakoulun opinnoissa korostuva kokonaisvaltainen ihmiskäsitys, käsitys ihmisestä fyysisenä, sielullisena ja henkisenä kokonaisuutena sekä sen puitteissa rakentunut fenomenologiaan pohjaava opiskelutapa on osoittautunut hedelmälliseksi nykyaikaisten korkea-kouluopintojen muodostamisessa.

---

14 Wilenius 2002, s. 84.

15 Ibid, s. 89. Wilenius toteaa, että Ahlman kutsuu sitä nimellä "ihmisen varsinainen minä" ja Steiner käyttää siitä nimitystä "henkiminä".